普通高等教育建筑与环境设计类
"十二五"规划教材

室内设计原理

（第2版）

刘 昆◎著

中国水利水电出版社
www.waterpub.com.cn

内 容 提 要

本书以建筑及其空间作为出发点,由外至内系统地、关联地讲解了室内设计知识及规律,在具体介绍技术要求的同时,力求将人文、历史、环境等因素予以综合介绍。第1章建筑空间概说包括认识建筑与空间、空间作为事件;第2章历史建筑的空间语境包括中国传统建筑空间、西方古典建筑空间、现代主义建筑空间;第3章室内空间与环境包括形成室内空间、营造室内环境;第4章室内空间的素材包括尺度与空间、材料的感知、环境的色彩、室内光环境;第5章作为场所的室内空间包括领地的空间、非言语交流、室内空间的意象。

本书适合高等院校建筑与室内、环境艺术设计、景观设计类专业师生作为教材使用,也可作为相关专业设计人士参考借鉴。

责任编辑:周媛 李晔韬

图书在版编目(CIP)数据

室内设计原理 / 刘昆著. -- 2版. -- 北京 : 中国
水利水电出版社,2012.9(2021.8重印)
普通高等教育建筑与环境设计类"十二五"规划教材
ISBN 978-7-5170-0148-5

Ⅰ. ①室… Ⅱ. ①刘… Ⅲ. ①室内装饰设计-高等学
校-教材 Ⅳ. ①TU238

中国版本图书馆CIP数据核字(2012)第211216号

书　　名	普通高等教育建筑与环境设计类"十二五"规划教材 **室内设计原理(第2版)**
作　　者	刘昆 著
出版发行	中国水利水电出版社 (北京市海淀区玉渊潭南路1号D座　100038) 网址:www.waterpub.com.cn E-mail: sales@waterpub.com.cn 电话:(010)68367658(营销中心)
经　　售	北京科水图书销售中心(零售) 电话:(010)88383994、63202643、68545874 全国各地新华书店和相关出版物销售网点
排　　版	北京时代澄宇科技有限公司
印　　刷	北京博图彩色印刷有限公司
规　　格	210mm×285mm　16开本　12印张　285千字
版　　次	2011年1月第1版　2011年1月第1次印刷 2012年9月第2版　2021年8月第4次印刷
印　　数	10001—12000册
定　　价	**58.00元**

凡购买我社图书,如有缺页、倒页、脱页的,本社营销中心负责调换

序

改革开放 30 年，在建筑界造就了一个行业——中国建筑装饰；在教育界成就了一个专业——环境艺术设计。中国建筑装饰行业的建立与发展，涉及建筑学、建筑工程学、风景园林学、艺术学等学科的理论指导，其业务范围涵盖建筑主体的内外空间。作为高等院校相对应的学科建设来看，除了传统的建筑类学科之外，艺术类的环境艺术设计专业，成为适应性强、就业面广的重要人才培养基地。

从理论建构到社会实践，环境艺术与环境艺术设计都是两种概念。由于环境艺术设计的边缘与综合特征，其观念的指导性远胜于实践的操作性。因此在社会运行的层面，环境艺术设计还是以建筑室内与建筑景观的定位，进行设计的操作，相对符合时代背景的限定。

环境艺术设计的专业特征——体现设计空间范围的难度、进入人类社会生活的深度、涉及不同专业领域的广度，相对高于二维平面与三维立体各类设计的专业方向。边缘性、多元化、综合型的专业特征，使得环境艺术设计专业方向，在不同学校以各具特色的方式和各自理解的教学方法，按照职业教育和素质教育的两种范式向前发展。

尽管目前在高等院校进行的高等设计教育，使用统编的专业教材，并不符合培养复合型、创新性人才的相应教学，但在中国设计教育超速发展的态势下，实际上大多数大学本科设计专业的教学，还是一种专业基础知识和技能的传授。因此编写打破人文艺术与工程技术专业界限，适合不同类型高校教学的通用教材，就成为高等院校设计教育教材编写的一种方向。现在看到的这套《普通高等教育建筑与环境设计类"十二五"规划教材》，就是以这样的理念策划与出版的。

设计的基本要素，一个是时间，一个是空间。我们都知道，在爱因斯坦以前，物理的时间概念是绝对的；而这之后发生了颠覆，时间也变为相对的。于是，通过时间进行环境体验便成为被科学证明的问题。作为今天的高等设计教育，其设计观念的培育，从本源上就是要建立正确的设计时空观。

东方文化艺术，尤其是中国的文化艺术，更注重于时间概念的体现，而非是空间概念的形态。这一点，在建筑环境中体现得尤为明显。中国建筑环境所营造的体系与西方建筑环境相比是完全不同的两条路。同济大学教授陈从周的《说园》中，有一句话非常经典："静之物，动亦存焉。"这句话的意思就是：动与静是相对的。换作时空的概念："静"是空间的一种存在形式，而"动"则是以时间的远近来实现它的一种媒介。它表明东方传统的时空观是一个完整系统。关键在于，它的建筑环境一定要体现一种时空的融会。而时空融会的概念所反映的就是以环境定位的艺术观。

可以看出环境的艺术美学特征显现需要冲破传统的理念，这就是时间因素对于空间因素的相对性。城市与区域规划中美学价值的体现之所以未被关注，就在于基于时空概念的环境美学观尚未被人们所理解和重视。即使是建筑学和风景园林学领域的美学价值，在许多人的认识中还是以传统的美学观来判定，尚未上升到环境美学的境界。也就是说需要建立时空综合的环境艺术创作系统，来切实体现环境美学的理论价值。

由于环境的艺术是一种需要人的全部感官，通过特定场所的体验来感受的艺术，是一个主要靠时间的延续来反复品味的过程。因此，在环境艺术设计中，时间因素相对于空间因素具有更为重要的作用。在这里空间的实体与虚拟形态呈现出相互作用的关系，只有通过人在时间流淌的观看与玩赏中，才能真切地体会作品所传达的意义。环境的艺术空间表现特征，是以时空综合的艺术表现形式所显现的美学价值来决定的。"价值产生于体验当中，它是成为一个人所必需的要素。"❶ 环境艺术作品的审美体验，正是通过人的主观时间印象积累，所形成的特定场所阶段性空间形态信息集成的综合感受。

中国高等院校现在培养的学生，是未来 30 年高端设计乃至创新型国家建设的人才储备，能否脱颖而出在于今天的教育。在这里教材只是教育者的一种工具，关键的问题在于教育者的教育观念，具体到一个专业，又在于专业教育观念的正确性。

2010 年 6 月 28 日

于清华大学美术学院

---

❶ ［美］阿诺德·伯林特，著．环境美学．张敏，周雨，译．长沙：湖南科学技术出版社，2006

前　言

　　说起来有关室内设计原理的教材已经出版了许多，但是，就其基本的问题仍然值得我们探究，诸如室内设计意味着什么？室内设计从建筑学科中派生出来，它的发展路径是怎样的？我们如何评价今天的室内设计以及它的定位方向等。特别是在现今喧嚣的市场中人们更多地忙于设计项目的实践，而欠缺静下心来思考设计的本原问题。室内设计的发展要远大于其理论，在于我们过多关注了设计的技术手段而淡化其背后的意义，或者理论评价不能影响于设计，因而室内设计理论及其思想始终缺乏深入的发展和体系化的建设。为此，从建筑的角度来重新思考有关室内设计原理问题是需要的，这也是我撰写本教材的一个初衷。

　　本教材明确了一个基本观点就是建筑是引起室内话题的基础，也是将室内设计问题引向纵深的一条路径。室内设计是在建筑的感召下再度创造秩序的一种营生，因而建筑室内是以满足人们的愿望和生活需求为目的，而并非是装饰的情景表达。针对于此，整部教材注重建筑的室内问题，即建筑的空间在于人们的参与、行为及持续使用的过程，而不是装饰问题。当然，装饰美从来没有离开过建筑，就如同人们从不质疑服装具有它的审美价值一样。然而，现在的问题是我们如何来面对如此复杂的室内空间或场所，特别是今天的建筑及其室内不只是风格的演变过程，它是人们的生活、经济、文化以及社会诸多因素的综合反映。可以说，建筑需要一个合适的场地和宏大的体量关系，而其室内则是以场所的概念出现的，不只是纯物质的组织，还是可供人们使用和交流的场所。建筑的空间构成必然反映某种社会的模式，它更像是事物发生的特定环境，因而把建筑空间与人的行为相联系正是室内设计方法论的问题，这些恐怕比起那些装饰或风格更为重要。

　　全书共分为五章，着重阐述了室内设计的诸多原理及构成要素，整体框架以问题为线索，并结合于设计实例，分析和探讨了设计的方法及理论问题。其中，第1章从建筑空间入手，形成一种定位和方向，认为室内的空间性要大于装饰性，并指出建筑空间需要关注人们的行为及体验的过程，一种对生活的理解和支持；第2章则注重了历史建筑空间的语境分析，强调了从历史中思考和发现什么，而不应该教条化，尤其是对今天而言，我们更应该以史为鉴来重新审视我们的所为；第3章至第5章从设计方法上解析室内空间的形式要义以及所面临着诸多因素，同时明确了室内设计的技术性在于对物质要素的理解和把握，而艺术性则来自于设计师内心的审美感悟和一种独创性的表达，其中个人的素养及自律性是问题的关键。

　　在整个写作过程中，深深感受到室内设计看似简单，实则内容广泛，涉及了人与环境的方方面面，正如有人认为室内的问题要比其围合的界面体更为复杂而多变。也可以说，建筑是理性的过程，而室内夹杂着人们太多的非理性的意识和观念。正因如此，感到自我学识的有限，对书中论及的问题和观点仅作为一种抛砖引玉，希望以此引起读者的关注、思考并促使设计的创意更具有说服力和一种表达力度。

刘　昆

于石家庄铁道大学建筑与艺术学院

2010 年 11 月

序
前言

第5章 作为场所的室内空间/151

参考书目/184

Unit 1

第1章　建筑空间概说

- 建筑需要一个合适的场地和宏大的体量关系，还需要人们参与并得以完成体验过程的一种感知，一种对空间意向的理解和接受。
- 任何建筑的功能都需要一种组织关系，这就是以物质形式的方式来表达使用的意图，建筑的特性就在于此。
- 一个建筑的室内不只是纯物质的组织，还是可阅读和交流的场所。
- 营造空间就是为事物的发生提供场所，一切事物的发生都是在一个特定的环境里，建筑空间就是事件发生的重要基础。

1.1　认识建筑与空间

建筑总是以物态及容积体的方式再现，造型是其最显著的特征之一。人们对建筑更多的是从其外表所呈现出的那部分形式来认识的，即建筑围合的形式，一个可使用的容积体。然而，建筑的体量关系始终占有优势，它是形成视觉和形式感最显耀的表现。毫无疑问，建筑的形式是体量的外在性与室内空间关系的融合，就如同服装表与里的关系一样，是同一事物的两个面。不过，我们习惯于使用空间却不谈论空间，就像人类学家爱德华·T·霍尔所说的那样："我们对待空间就有点像我们对待性。它存在但是我们不去谈论它。"[1]我们关注建筑的体量远大于建筑"空"的部分，对空间功能的理解也多停留于"形式追随功能"这句响亮的口号上，并没有深究"空间"一词所包含的真正意义。假如功能成为了简单教条的合理俗套，那么，建筑就会落入功利化的境地，空间的艺术意味也就无从谈起了。

毋庸置疑，建筑应该体现空间的存在价值，其空间性在于界面体的一种组织关系，或者说，室内就是建筑界面的计划，它既表现外表，又反映室内。因此，我们谈论室内空间就必须从建筑开始，而建筑正是形成室内空间的一个母题。同时，建筑需要一个合适的场地和宏大的体量关系，还需要人们参与并得以完成体验过程的一种感知、一种对空间意向的理解和接受。比如，我们一生都在使用空间，其中人们在空间中的行为已经形成了与空间对话的机制，即一种非言语的交流方式。这种曾被处理或表现的空间，像形式、质感、材料、光影和色彩等，所构成的一种清晰的空间品质和精神正是空间的意象，有可能比所呈现的建筑体量要复杂而有趣得多。实际上对于一个使用者来讲，室内空间要比建筑外观更重要，因为室内空间是可用的，建筑外观是可看的。

1.1.1　作为空间的建筑

人们认为建筑的目的就是围合空间，用墙体划分出大小不同的房间来供人们使用，这就是所谓的功能。事实上空间并非如此简单，它时时刻刻在影响着我们并控制着我们的行为和活动，因此我们会本能地来适应所处的空间和环境，同时也以我们自身的活动来充实空间的内容。例如，住宅理应是人们睡眠、休闲和养儿育女的场所，而今天的住宅不是单纯的居住类型，已经成为了一种社会化的产品，其中包含着现代人的生活理想及情感方面的表达与追求，因而人们在适应住宅环境的同时，也在用其自身的生活方式改变和丰富着居住的功能。居住的概念已不再是过去所理解的那样，或者说，古老的住宅建筑类型延续到了今天仍然存在，但其中的内容已经发生了根本性的改变。从这一点来看，建筑应具有时代的特性，而室内空间也必须符合现实生活的需求，建筑作为一种空间关系需要有多变性和丰富的形式及内容。

1.1.1.1 围合与虚空

人们通常认为，建筑就是房屋或者房间的集合，是以建筑的房间构图为起点，即由墙体围合的空间来认识建筑的。建筑围合与虚空的概念，老子在《道德经》中为我们作了清楚的表述："埏埴以为器，当其无，有器之用。凿户牖以为室，当其无，有室之用。故有之以为利，无之以为用。"然而，老子是以一个思想家的角度来生动地论述建筑"有"与"无"的关系，或者说是对围合与虚空辩证关系的一种解释，道出了建筑的核心问题，即"空间"。这又使我们想起了意大利建筑史论家布鲁诺·赛维的那句名言，"空间是建筑的主角"。不过，这些观点多是从物态的角度来解释建筑与空间关系的，其实建筑并非只是物质的，它还包含着精神层面的意义。古罗马时期建筑家维特鲁威的"实用、坚固、美观"的三原则，就更清楚地说明了建筑所应有的要素。很显然，"实用"与"坚固"无可争议地被历来的人们所接受，只有"美观"向来被人们所质疑。从建筑历史的发展来看，"大量的革命立论乃是基于给建筑美观的概念一新的解释"。[2] 历来的建筑大师们也从来没有放弃过对美的追求，包括努力使自己的作品成为美的新标准和重新定义建筑的美。由此看来，建筑的焦点问题是围合与虚空背后的精神层面的意义，而"空间"作为一种积极的建筑特性，与其围合的结构体相比，至少应有同等重要的价值。这也正像赛维认为的"对建筑的评价基本上是对建筑物内部空间的评价"。[3] 建筑作为体量的关系所呈现的状态在于和外部环境的协调，而室内"空"的部分则需要和使用者协调并服务于使用者，因而室内空间的功效才是真正意义上的建筑主题。

围合与虚空始终是矛盾的两个方面，没有围合就不会产生建筑的空间，围合的意义不是为了得到一个雕塑般的体量关系，而在于其"空"的部分。不管今天使用什么技术或材料的方式，其围合性仍然是建筑的基本问题。但是，如何围合、怎样创造积极有效的空间，这恐怕是建筑创作的一个主题。人们对建筑围合的概念理解已不同于过去，事实上围合已经成为建筑中非常活跃的元素，特别是当代前卫设计师们的建筑探索，就说明了建筑其实是一种结构与表皮的系统重构，它所反映的应该是其内部的量、形、质的关系整合，或者说建筑的形式要素是与科技、材料、工艺有着紧密的关联，有人称之为"建构主义"。当然，围合的目的在于使用，在于人的参与，因而人与空间的关系是围合着重考虑的问题，即对空间行为的一种探讨。比如，人们在空间中的关系，实质上反映了彼此之间的关系，也就是人与人相处的一种融洽。我们不能只考虑空间纯物质的特性，以及定义空间的围合物，还要关注日益复杂化的空间场所的各类性质。"人们依靠空间去创造适合特定活动的场所，并告诉人们它是个什么空间。"[4] 空间场所是否促进或抑制人们的交流及行为正是围合与虚空的一种期望，也是一种超越物质层面的更深理解。

1.1.1.2 空间的模式

如果我们继续探讨建筑围合与虚空的关系，就会发现建筑所围合的空间是我们感知空间的统称，就像"人"是成千上万的个性人的统称一样，带有普适性的意义。然而特定具体的"空间"可能是我们真正需要探讨的话题，因为它具有可识别的外形和多种形式的虚空特质。事实上，空间的概念只是一种错觉，曾有人认为一个场地中的空间和在这个场地上建造的建筑中的空间是一样的，并没有改变原有的空间性，只不过我们所看到的是围合的实体。但是在这个实体的建筑中，我们感受到的却是一种场景，即一种由人为布置的实体元素构成的富有特色的场所。正是一种环境的布置才使我们能够识别出个性的空间或环境。荷兰建筑师范·艾克对空间和环境就有过精辟的论述，认为"无论空间和时间意味着什么，场所和场合都有更加丰富的含义。在一个人的印象中，空间即是场所，而时间即是场景"。[5]空间的秩序基本上是取决于我们如何去布置环境，虽布局各不相同，但实际体现为建筑的空间模式。

所谓空间模式不同于空间的类型，它的构成关系在于自由的形态、可识别的外在形体和连续的形式语言等，就像住宅是一种建筑类型，但是住宅的空间模式在不同的设计师那里就各不相同。比如，美国建筑大师弗兰克·劳埃德·赖特的草原式住宅的空间构成与地域、环境相联系，他所创造的建筑，无论是外观还是室内都体现了一种卓越的空间灵活性和自然的表现形式，因而产生了住宅中有自然，自然中有建筑的"有机建筑"设计观（图1-1-1）。赖特这种带有明显的环境特征的建筑，实际上创造了一种独特的空间模式和构成方式。也可以这么说，赖特是将现代技术与自然因素以及历史文化风貌相融合的第一人，也是开启现代建筑新篇章的一位领军人物，正如他在题为《为了建筑》的文章中写道："就有机建筑而言，我的意思是指一种自内而外发展的建筑，它与其存在的条件相一致，而不是从外部形成的那种建筑。"[6]与其相反，同样是建筑大师的密斯·凡德罗的建筑设计就体现为"一个以创造性的诗人般的阐释理解方式来进行创作的理性主义者"。[7]我们从密斯的一些住宅作品中就能够读出其空间模式的构成方式不同于赖特，他提出了"匀质空间"理论和思想，认为建筑的实体形式一旦确定就不可改变，空间的内容反倒可以根据需要不断变化和调整（图1-1-2）。因此，密斯在建筑创作中强调了可变空间和富有诗意的流动空间，并且演绎了一系列在开放骨架中的自由布置及"匀质空间"的概念。这种空间的效果同样表现出了设计者对生活方式的关切度，并创造了前所未有的一种空间模式。也正是他的这种开放、流动的空间设计方法，使之后来的建筑空间构成方式发生了根本性的转变，成为现代建筑空间设计及其理论发展的重要依据。

图1-1-1　赖特，美国，流水别墅室内（1935—1936）
天然的材料从屋外延伸到了室内，与自然浑然一体，构成了内外交融的整体空间。

图1-1-2　密斯，西班牙，巴塞罗那德国馆（1929）
室内固定墙体尽可能的少，以此换取空间的流动和可变性。而规整、光亮的材质效果更体现了一种现代精神。

由上可见，空间模式如同句子构成的关系，允许我们创造变化、表达体现人的因素及对生活方式的理解。空间模式在于创造一种生活模式，而不是限制生活的发展。反过来，生活模式的改变也能够促使空间模式的变化。空间模式不是一种恒定的机制，而是变量的关系，是随着时间和事件的发展而形成的一种具有特性含义的空间构成的手段。空间模式应带有明显个性色彩或人格化的空间表现形式，不应该成为僵化抽象的空间概念。"领地感"或"特色空间"的观念，将成为空间模式发展的研究对象。

1.1.2　作为形式的空间

建筑作为一种存在的物质，为人们提供了可使用的功能，这完全不同于雕塑作品。尽管建筑也有体量关系和雕塑感，但在本质上是有别于雕塑的，也就是形体的关系只是一种被利用的手段，其内部空的部分才是建筑的本原目的。一直以来，人们都在为是形式追随功能，还是功能追随形式而争论不休。其实，功能与形式的关系很难分清楚，尤其是功能的不确定性因素，致使形式与功能常常脱节。按赖特的观点，功能与形式其实是一回事，不能把它分立来看待。的确，我们所谈及的功能主要是指建筑与人们生活及行为相关的一切内容，其中"功能"二字就带有某种模糊不清的意味。不过，任何建筑的功能都需要一种组织关系，这就是以物质形式的方式来表达使用的意图，建筑的特性就在于此。所以，谈论形式是建筑不可跨越的一个话题，这里面包括实在的形式和创造的形式等。

1.1.2.1　存在的形式

建筑作品基本上是属于实用性的，虽说有艺术的成分，但其存在的理由还是落在了日常的使用上。建筑的使用价值主要是用材料构成的关系，诸如梁、板、柱和墙体组合成的一种可居住的"容器"。这种观点在 20 世纪初的现代主义建筑运动中得到了积极的响应。早在 1908 年，奥地利建筑家阿道夫·路斯就曾宣扬过，建筑应该剔除那些无用的、多余的装饰而回归于建筑的本来面目，因此他道出"装饰就是罪恶"的著名论断。也许，这种论调有点过头，可能还带有绝对化的色彩。不过，"建筑形式本质上就是结构形式"[8]的思想倒是一种比较理性的认识。从建筑发展的进程来看，每一次建筑的大变革，无不与建筑技术的革新有关，可以说，技术的革命是推进建筑形式发展的原动力。我们在讨论建筑形式时也必然要涉及结构问题，比如，"钢筋混凝土"的诞生，使建筑形式发生了真正意义上的革命，一种崭新的建筑形式由此产生，从而改变了过去人们对建筑形式的一贯认识。

建筑的形式与理性主义的观念有关，对于理性主义者来说，建筑是"一种单纯的空间围合，以及透过结构所形成的逻辑性表现来探索建筑的本质"。[9]也正是这种建筑本体论的思想才使得建筑以实用为目标，追求简单合理的原则，促使建筑师把建筑视为"理性的机器"。因而"功能"、"实用"这类词汇成为了建筑界定的标准，建筑的存在更像是一种理性思维下的强有力的表现（图 1-1-3）。不过，柯布西耶却认为"理性的态度并不是一种冷冰冰的观点，而是作为'情感上的连接'"[10]，建筑实际上已经变为了理性与感性交织在一起的综合性产物。

现代建筑的形式是以功能和效率为基准的一种综合表现，其实体形式的分解，必然体现为空间的开放，例如，墙体的解体，不再是单一围合的性质，变得流动、可变和多样性，室内空间的使用效率大大提高。现代室内空间的可适应性恐怕是对建筑实体形式提出了更高的要求，人们对建筑形式的认识应转为对现代技术和材料的关注。形式的表达应跟随于结构的逻辑关系，而这种逻辑关系是强调了建造的逻辑、材料的逻辑和行为使用的逻辑的一种"诗意的建造"。墙体不再是围合的要素，继而成为一种界定空间的方法。建筑存在的形式因此变得多样而灵活，各种界定空间的方法成为现代室内空间组织与表现地最为活跃的元素（图1-1-4）。

（a）

图1-1-3 理性思维下的建筑表现

（a）格罗彼乌斯，德国，法古斯工厂（1911）

玻璃和钢结构建筑表现了一种理性的设计观，在剔除了装饰之后仍不失其雅致和协调之美。

（b）米开鲁齐，圣玛丽亚·诺弗拉火车站，佛罗伦萨（1923—1933）

一个阳光盒子所具有的纯粹性。没有装饰，但有空间，理性精神在此大放光彩。

（b）

图1-1-4 现代室内空间的组织与表现

（a）墙体成为了轻质的隔断

与结构脱离，自由地划分室内空间。

（b）该建筑是著名美国建筑师P·约翰逊设计

室内空间组织尽显其灵活多样，而空间的流动性则是现代室内设计的特征之一。

（a）

（b）

1.1.2.2 创造的形式

建筑的综合性在于其包容了众多的门类学科或艺术，按阿尔瓦·阿尔托的话："建筑是一个复合现象，它实际上涉及了人类活动的所有领域。"[11] 建筑既可以视为一门艺术和物质存在，又可以理解为是一种精神与情绪的调控状态。建筑的形式包含了多方面因素在内的想象与创造的综合，它不像有些门类艺术那么纯粹和鲜明，这里面涉及了很多领域之间的关系，比如科学技术（结构、材料、设备等）、社会经济、生活行为以及人文历史等等。总体上，建筑是为人们服务的且是实用性的艺术。

如果把建筑视为艺术的话，那么一栋建筑的价值就在于它的艺术性。对于大多数设计师和公众而言，建筑只不过是一种社会的集合产品，其建造的过程是由建设方、使用者、施工方和设计师共同参与的结果，这里更多的是实用、经济和生活观上的较量，对于创造性则顾及得很少。在现实环境中，数以千计的相似建筑物只是满足了人们的物质需求，并没有涉及艺术或创造性。只有把建筑理解为艺术，在建筑中注入创作的意味，创造既要满足实用，如满足于生活行为、社会、技术等，又要体现有思想和艺术品位的设计，这样的建筑才能充满着激情和想象力。建筑的空间形式成为了人们可感知的元件，传达着设计者的心智与感情，比如柯布西耶所设计的朗香教堂，就是"经过精确的'调音'，使它与周围起伏地形的景观的'视觉声乐'相和谐"[12]的一种视觉感知体。因而建筑创作的过程是体现艺术形式的探索过程，与雕塑、绘画和音乐相一致，进而建筑与它所处的环境之间建立了雕塑般的共鸣和关怀（图1-1-5）。由此我们可以认为，"可感知的"建筑是设计师的意识与外在条件作用的一种和谐。建筑不能没有创造，而每一栋建筑不一定会有创造性，但是建筑的创造精神一直是人们的一种目标，也正如格罗彼乌斯认为"每一位建筑师都有责任成为一个苦行者，有责任跟随时代，在他的作品中体现时代信息，创造出时代的符号、形式和装饰"。[13]

图1-1-5 柯布西耶，法国，朗香教堂
该建筑被世人认为是20世纪最受世人瞩目的建筑作品之一。其最大的特征在于独创性。

建筑形式的创造在于设计的有所侧重和选择，要关注某些问题，就要忽略一些问题，如同"要创造一件伟大的艺术品，就得忽略某些问题，在艺术家手上，这样做是正当的，实际上也是必要的"，[14]因为没有哪个人能够把所有的问题在一个建筑中得以解决。我们所谓优秀的设计（建筑或室内）是指只要有"创造性"，即在某些方面较为突出的，就被认为是"好"的建筑。那么，这种"创造性"又如何来界定呢？一个优秀的设计应该与其同时代的作品相比有着过人的不同之处，拥有个性的表现、独立的思考和自由的设计方式，如同日本建筑师安藤忠雄认为"不能轻易地将自己的思想或美学观点向现实问题妥协，而是将自己的艺术表现按照社会的、客观的视点升华为一座建筑"。[15]不管"创造性"是在整体构成方面，还是在部分和细节上都应该被视为是赋有意义的，而同时建筑的创造活动更有广义性和包容性，它绝不是以艺术家个人性情的所为。建筑和室内设计"是一个有理想有趣味的工作，但是同时它又是一个有业主、有社会状况、无法只凭借自己的力量就可以完成的工作"。[16]所以，建筑及室内的创造性带有明显的社会性质，其形式的创造应该考虑多方面因素之后的一种决定，而且应该是以解决问题为导向的设计过程并达成的一种共识。

1.1.3 建筑空间的语意

建筑的空间是人与环境、人与人交往的联系桥梁。建筑所创造的空间和环境实际上组织了我们的生活、行为和相互的关系，这其中空间的语意起到了重要的作用。一个建筑的室内不只是纯物质的组织，还是可阅读和交流的场所。人们在空间中是否能够恰当的行为和交往则在于空间的行为设置，即空间营造出一套可意会的行为规则。比如，一个公共空间会对人们发出信号或某种的提示，像领地的监管、可进入的程度以及行为的适度性等，因而在你可以随意出入的场所，通常会以维护公共利益的名义约束你的某些行为和举止。这些空间语意的告诫多半是以非言语方式传达的，是通过细致的元素和设置来使你的感觉器官获得感知和心领神会的理解。

1.1.3.1　可感知的建筑空间

建筑是生活的环境，室内空间是集结我们并提供了日常服务的一种机制。所以有人说，建筑作为一种容器所承载的生活比其自身更重要。因为生活包含着人们的期望、传达着文化及习俗，以及不断改造生存环境的信念和一种创新的冲动，所以感知我们周围的环境和世界是人们的普遍愿望，也是一种积极追求的过程。这种过程到底是如何的，人们面对一个具体的环境时将做出什么反应等等，都是值得我们去探索的。

毫无疑问，我们的眼睛和头脑是感知环境的核心，而感知在于我们的认知能力，即以往的经验和阅历将会指导我们的感知过程。比如，住宅是可感知的一种环境，我们对"家"的感知，并非停留于概念，而表现为具体、复杂和多样的，有着千差万别的不同，这里主要是生活习惯、文化背景以及个人喜好等形成的环境语意的差异。不过，人们在面对不同环境时，是凭借视觉和头脑的直接联系来感知的，与感觉不同在于综合性，如意识、经验等，影响我们对感觉到的环境作出评判。所以，人们对一种环境的分析和判断是基于生活的经验，诸如使用便利、符合人们的意愿和利益，以及舒适宜人、经济合理、艺术美感等。我们既生活在空间里，同时又依靠于可感知的环境，也正是在可感知的环境中才能维系人与人的融洽关系和相互理解与交往的方式。人们在使用空间的过程中也会慢慢地体会着由建筑创造的秩序和美，并不是凭眼前的一亮来得到的。现实的"视觉化"告诉了使用者，空间环境的魅力并非只是实际看到的东西，还有诱发你不曾意识到而能够联想到的东西。因此，对于一个设计师来说，不在乎知道众多的材料、构造和造型手段，在于通过设计要素和设计表达，能够使使用者或来访者感受到设计的弦外之音，这就是生活的设计或设计的生活。

事实上，空间作为一种语言，被人们感知到的往往是隐含的、概念的，并不直接清晰。在大多数人眼里，对空间和环境的判断总是界定于喜欢或不喜欢，往往从感性的角度出发的。人们并不清楚空间作为体验的媒质所能形成表达系统，例如材料、尺度、色彩、光线以及质地等都是作为建筑的语汇来传达某种设计的指向。由此，空间的图示性是含蓄的、抽象的，并以一系列复杂的、含义丰富的建筑语汇来表述。至于此类话题我们会在后面的章节中深入探讨。

1.1.3.2　建筑空间语意的社会性

人与建筑的关系不只是使用的关系，还包括情感关系、身份关系、审美关系和社会关系等。建筑空间语意的社会性是通过已知的惯用体系和形式风格来传播的，因此，图解化的形式表现成为人们普遍理解的一种社会语意，并在建筑及空间中大放异彩。我们今天正是处于各种风格的包围之中，诸如，现代主义、后现代主义、极少主义、解构主义、地方主义以及混合型等风格及流派形成建筑创作的繁荣。一方面由风格和新颖的造型带来的喜悦和畅快，另一方面也面临着过分的铺张和浮夸所造成的环境恶化及资源的不断匮乏。一种以"形式"或"视觉魅力"为导向的建筑体，过于强调了视觉形象对社会、人文及环境的作用力的设计观，使之成为当下强有力的设计语意。例如，备受瞩目的北京 CCTV 大厦，最值得争议的当属其外观的视觉效果。建筑无论是造型上，还是建筑技术方面都超出了国人的认知范围（图 1-1-6）。与此相左的则是"致力于解决问题"或"以社会问题"为出发的一种设计观，其语意的焦点是普遍意义上人的需求，如环境的治理、生态、能源等问题作为设计的思考而加以强调，并以科学的态度来认识建筑的意义。这种观点更多的是从科学技术应用的角度来反映建筑的内涵，但是这往往是内在的，不容易使社会有直接的、立竿见影的效应。换句话说，这远比"视觉魅力"型的设计要复杂得多，也困难得多，而且也不会为政治和商业带来快速的效益。因此，建筑空间语意的社会性变得越发复杂，甚至建筑及其空间应该体现什么，是风格还是使用，是光怪陆离的造型还是简朴实际的空间环境，这些问题都困扰着我们，需要深入地探讨和研究。建筑空间语意的感知方式也需要我们认真研究并给予正确的引导。

建筑作为社会交流系统中的一种工具，其语意因素将是形成环境意义的重要方面。事实上，我们认知环境在于环境所赋予的特定符号、图式及各种媒介物，使之成为符号的规则体系，并体现为一种可读的语意关系。这种称之为"图像性的"或"象征性的"表现，在人们的认知领域里不断传递、储存和记忆并构成语意的框架关系，更确切些语意能够在理解建筑所创造的文化及艺术个性中发挥作用。例如，中国传统建筑中的"大屋顶"形式，已经演化成为一种文化的符号，在人们的认知中形成了明确的语意指向，在今天的建筑设计中成为民族风格的象征符号，如北京曾一度出现过大量的在现代建筑中扣上一个大屋顶形式的做法，以代表建筑民族化的风格（图 1-1-7）。这种明显有着社会语意的建筑，似乎是设计师的认知与公众的感知存在着语意的差别。这就告诫了我们，设计不应该是一种简单的图式拼贴或游戏化的图像组织，而应该"将人们的反应、感觉、感情甚至是行为与空间、场所或物质的可感知的特征之间联系起来"[17]，形成富有价值的语意环境。

图 1-1-6 雷姆·库哈斯，CCTV 大厦透视图

图 1-1-7 北京街景
把传统建筑样式与现代建筑简单地拼凑在一起。

1.2 空间作为事件

建筑的视觉性不应该成为设计者表达意图或成为普遍认可的标准，相反，空间倒是建筑的核心内容，不管它是多么的平常或受到轻视，空间中的一切行为实质上反映了人对环境的接受程度。我们营造空间就是为事物的发生提供场所，一切事物的发生都是在一个特定的环境里，建筑空间就是事件发生的重要基础。所以，传统式的图式表达已不能作为一种标准，继而转向对空间、行为及场所意义的深入理解，应该说这已成为现代建筑构成的新方式。不管人们对建筑的评判如何，至少其外在形象不能确定建筑物的场所特性，或者说，一栋教学楼的事件就是教学，而不是建筑的形象，人们只有在使用中才能感受一种目的的设计，这就是事件发生的状态。空间形式的内在性就在于形成环境的关系如何，看它是否具有整体观念和韵律一致的美感。进而言之，一个好的建筑应该有归属于自己的定位，就像演戏一样，主角、配角站位很清楚，这是为创造一个完整的整体而确定的。

1.2.1　发生的场所

在建筑空间中，人们的行为通常与环境有直接的关联，即空间环境为我们提供了可参与活动的可能。因而，环境的氛围是刺激人们行为的一个因素，也就是说，人与环境之间存在着情境的互动关系。例如，人们在空间环境中总会适应于给定的条件，我们既能够接受一般化的环境，也能够享受优越的环境，这一切都是在互动中发生的。然而，人们会把环境的氛围与自我的感受相联系并形成行为的意愿，这实际上就是发生的状态，一种心理与生理的调节过程。由此可见，室内空间或场所有可能是人们积极或消极的行为心理的因缘，而一个人是喜欢还是厌倦所处的环境，多少与空间的布置有关。所以，空间提供了人们栖居的可能（聚集），同时也组织了人们的生活（方式）。城市是人类聚集的过程，也是聚集建筑物的过程，而建筑的室内则是诱发人们行为发生的场所。

1.2.1.1　事件的空间

任何一个空间都表现为事件，事件是空间的由来，或者，事件总是与特定的空间环境相联系。我们的行为就是事件的开端，是在具体的空间场所中的一种发生。虽然人的活动与其内心的需求有关，但是空间环境的设置有时也是行为的起因，或者，被其所驱动。比如，当我们需要休息时，卧室可能引起我们的睡意，其中室内的光线、色彩以及床上的铺设等都是唤起人们睡眠的因素。因此，空间的气氛能够调节人们的心境，同时也能够对我们自身起着潜移默化的影响。其实，我们对环境的感受来自身体感官的本能，我们可能会被一片颜色所感染而做出积极或消极的反应，这就让我们想到医院的环境色彩为什么显得十分重要，就是因为人的情绪很容易被色彩的场景所调动，这些事例已经被很多的科学实验所证明，不再赘述。所以，人的感官生理机能是触发行为发生的关键。

我们对空间的需求一定程度上是建立在稳定基础上的，其安全感是人们的愿望归属，这主要是人们需要对领地的认同和占有，以此获得空间的定位需求。比如，人们进入一个室内空间通常喜欢找靠近窗户或墙边及凹处空间作为驻足或停留地，没有人愿意在场地中央停留，在众目睽睽下交谈，这会使人有极大的不安感。不过，人们对环境的需求不仅于此，"刺激"也是一种需求，因为它能够使人的情绪得到改变。人们需要空间形式上的视觉感染的效果，平庸和乏味总是令人讨厌。人们不仅需要安静的生活，而且也需要活泼和浪漫。特别是一些特定的场所，空间的视觉刺激将会给人们更多的愉悦，从而唤起人们兴奋的动机。像休闲娱乐场所，尤其是五彩的灯光、四处的喧嚣和赋有挑逗性的色彩与造型以及图式符号等，都是一种刺激的手段（图1-2-1）。这一切都表明了场所是人与空间互动的过程，而场所的氛围则来自于人为的渲染和设计的某些动机与灵感，设计的创意在此起到了催化"事件"发生的作用。

　　然而，设计师善于空间的划分，但不善于把握使用者的感受和心理需求。在设计中往往能够控制空间形式与功能的组织，却不能对一些细节或次要的部位采取良好的对策，比如楼道走廊等一般性的空间关系。这看似次要、无表现的功能空间往往被轻视，设计过于关注了那些有目的的活动，忽视了无目的的需求。对于每天工作在办公楼里的人们或访问者来说，像图1-2-2中的走廊不能不说是一种多么令人乏味和不愉快。空间环境不仅是使用的，还是可评价和感受的，人们不仅需要一个物质的空间，还需要一个精神的和富有创意的环境。

图1-2-1　某城市夜总会景观
张灯结彩的建筑外观，既是城市夜晚的一道风景，又是一种引诱的动机。场所的特性通过华彩的灯光表达得淋漓尽致。

图1-2-2　某办公楼走廊
一百多米长的走廊毫无生气，非常单调，让人反感而无奈。

1.2.1.2　仪式与情景的空间

　　生活的情景通常是习俗或活动的表现，建筑空间作为情景的媒介，被看做是人类活动的神圣起源，这一点我们可以从历史建筑中获得更多的感知。建筑空间还包含着促进人们交往的多种因素，如类型、模式和内容等，在不同的背景下成为了我们生活进程中的重要组成部分，也可以说是建立人类制度和秩序的方法之一。因此，建筑空间的形式和模式是以鼓励人们活动为目标的，是强调了事件发生或某些仪式的进行。

　　谈到仪式通常会想到宗教的仪式活动，那些神龛、祭坛会被我们视为仪式的空间，并带有某些表演的性质，空间情景也显得与众不同，被人们当作净化心灵的体验。然而，过去的宗教仪式活动已被今天大量的商业活动或者是政治性的仪式所取代，"仪式"已转变为人们生活中富有色彩的情景空间。建筑作为"情景"发展的背景必然表达了人们生活、活动及事件发生的某些意愿，诸如设计概念、主题和元素等都是促进事件或活动发生的重要媒介，像奥运场馆建筑就一定表现奥运的主题；而一个婚庆场景的布置也一定表达喜庆的情景和氛围。即便是普通的生活场景也包含着某些主题的情景，如住宅中的客厅就带有"仪式"的空间意味，是一个家庭日常生活、活动的中心（家庭聚会、重要事情的商谈等），因而环境布置最为正式，体现了家庭的整体形象。由此，我们可以认为建筑由事件引起，又由事件发展了情景的空间。

　　综上所述，我们对空间"仪式"的概念，不仅仅是体现为重要的事件，而且应提升到日常的生活中，成为建筑与室内空间营造的情景表达。诸如建筑的入口、台阶、门厅、会场等空间都能够体现某种仪式的意味。像在今天的许多公共建筑中，高大明亮的大厅就是一种仪式性的情景空间，无论其尺度还是装修标准都体现了场所的形象，并非是从实用的需要考虑的。显然，这种"仪式"性的空间并非容易把握，准确恰当地表达场所的特性是问题的关键。然而在有些设计中，过度的表现使空间的"仪式"概念演绎成为一种浮夸和造作，并传递了极不准确的空间特质（图1-2-3）。空间的"仪式"性是对于场所特质的深入理解而作出的一种环境姿态，其要义是礼遇的表达和空间情景的适度表现，传达的是环境的友好和善意，而不应该成为设计无节制的表演。设计师不能把不切合实际的因素或其他情景简单草率的嫁接，不管其形式有多么的好，不恰当就是不美的。遗憾的是这些设计原理在室内设计中并不能被真正理解，空间情景重装饰轻质朴则来自于一系列不断出现的泡沫式的发展和繁荣。在物欲横流的特殊时期，人们从古至今，从西到东地搜寻着一切可被利用的元素，以此获取一个令人愉悦的繁华世界和所谓的文化表现。人们把兴趣放在了搜集古今文化图式和符号上，并非出于理性的思考。创新不再是一种需求，却成为纯粹量化成就的表现（图1-2-4）。

（a）

图1-2-3　某洗浴中心
大厅的过度装饰给人以铺张和浮华的感受，扭曲了场所的性质，并带有几分庸俗之气。
（a）入口大厅；（b）大厅内局部

（b）

图1-2-4　浮躁的"创新"设计
（a）某高校教学楼局部
把古希腊爱奥尼克柱头当做了柱础处理，实在让人大跌眼镜，哭笑不得。
（b）某餐厅雅间
在一个普通的餐厅内也不忘体现皇家气概（背景屏风的龙纹图式），反映了当今室内设计商业性的庸俗和浮夸的装饰风。

（a）

（b）

1.2.2　持续的空间

　　建筑可以理解为是一种持续的状态，其本质绝非是静态的物质表体，而是一种理性动机的普遍存在。建筑带有某些教诲性的图示，不是其自身如何，而是所要展示完善的秩序。因此，建筑的空间与围合的实体之间存在着一种变量的关系，空间也因此变化无常，形式与功能实际上成为了一种"拼贴"关系。建筑作为固定的主体，其结构是稳定的，而半固定和非固定的部分却显示了一种活跃的状态，即空间环境布置和人的需求时时发生变化。一种固有的功能框架被解体，新的设想和内容被拼贴到了既有的框体中。建筑的空间正是在一种持续的发展中获得新生，不断地被重新定义。

1.2.2.1 拼贴的空间

"拼贴"一词首先出现在现代艺术中，可以从毕加索的艺术及构成主义那里找到更确切的解释和例证。这里之所以借助"拼贴"的概念是想说明室内空间形式和内容实际上是一个不断被置换或并置的过程。特别是现代城市建筑的综合体，更是显现出内容的反复无常和室内形式的不断变换，因而思考空间的发展和需要，包括建筑的寿命和循环使用的问题就值得我们关注。因为未来的人们未必认同我们今天对待城市和建筑的态度，很有可能今天建造的建筑在不等其寿命终结时就已经不符合人们的需求而被拆改或重建，这势必造成资源环境的再次损耗，所以建筑可持续使用便成为我们探索空间的一个方向。

不过，在当今的许多建筑设计中并没有认真对待室内空间的问题，在制造了大量的外观华丽而现代的建筑背后，室内空间成为了建筑使用中的焦点问题。以住宅为例，建筑的户型设计与具体的生活需求不协调，以致家具与房间尺寸存在着较大的谬误。诸如，厨房操作台柜、卫生洁具、储物空间以及生活家具与空间尺度关系是否适宜和舒适，是否满足于人们的日常需求等等问题并没有作为建筑设计思考而给予重视，因而人们在后续的装修中对建筑室内拆改现象非常普遍，所造成的浪费也是令人痛心的。这些问题并非仅存在于住宅中，尤其是今天的建筑设计已不是终端性的，建筑只是过程的，后续还有室内设计、装修、空间更新和改造等，建筑作为母体所承载着越来越多的内容和意义。

尽管今天的分工越来越细，建筑已被分解为若干个领域，但这并不意味着建筑丧失了总体协调和控制的能力，建筑、室内一体化的设计思想应该成为一种理性的认识。建筑的理性思考应该转向对空间功能置换的预测、行为动机的分析以及建筑循环使用的可能，这些都将是建筑空间的重大问题。再如，材料的回收和再利用，以及建筑节能和生态发展等问题也摆在了我们的面前，成为当今和未来发展的主题。

建筑所谓的功能为先原则可能需要重新来认识，因为今天的生活标准并非就是明天所能认同的，这一点密斯的空间理论早已为我们指明了方向，所以空间作为人的认知系统，其建构的基本性在于关联性。所谓"关联性"就是空间既是真实的客观存在，又与未来相联系，并具有可适性的能力。空间的形态不是界定生活，而是如何适应需要，尤其是预测各种生活情景发生的需要。

现代技术促使建筑趋向于复杂、综合和形象怪异，建筑的文化特性正在被这个瞬息变换的信息时代逐渐削弱，被一种含混的建筑形象所取代。建筑的视觉性成为建筑创作的焦点，喜闻乐见、新颖别致的设计是城市中的亮点，而明星式的建筑师则成为市场最为热捧的宠儿。建筑的非理性意识制造了大量的浪费和并无多少意义的所谓创新，建筑实际上成为了各种风格、主义表现的拼贴场所（图1-2-5）。

建筑空间的意义在于持续的使用和适应于未来的更新与改造，这就要求建筑必须关注空间的行为和踏实的生活质量。设计师在空间中应赋予情景性的表现和生活理想的具体化，并

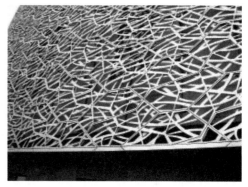

图 1-2-5 某科技文化艺术中心建筑外观、装饰局部
该建筑外观全部使用了金属板镂空技术，属于表皮性的拼贴装饰。

由此揭示空间的本质是营造而非装饰。设计师应该面对场地、材料、技术、资金等无可改变的现实以及人类的需求和欲望作出理性的判断。也许，设计师总是以自我的感悟和猜测，力求使设计的形式具有适应性，对考虑未知的使用者和社会的需求恐怕是艰难的一份职责。建筑与人、建筑与环境、建筑与技术、建筑与城市等等都需要通过理性思维的方式寻求解决问题的途径，而不是以简单、草率的形式所应对。特别是建筑与空间的关系涉及了人的具体使用的问题，是建筑的整体性和可循环更新的问题，并不是像有些人认为建筑关心的是形体、比例和所谓的城市文脉等重大问题，建筑的室内问题应该由室内设计来解决。

事实上，建筑的室内空间应该重整体分析与思考空间的时效性、人的行为以及场所特质与社会形态的关联，而不是从视觉效果出发的一种设计的装饰性。建筑与室内形成表与里的脱节，主要在于内容与形式被不断的切换、拼贴或模式转变，进而空间处于一种动态的文化行为的过程。

1.2.2.2 非理性的动机

当今的中国建筑为室内设计的发展提供了大量机会，室内设计业如此的红火，不是学术推进的必然，而是市场机制催生的结果。雷姆·库哈斯认为，建筑规模的不断庞大，其自主性也在逐渐丧失，以至于成为了其他力量的傀儡，不能自持。并且，库哈斯还认为建筑内部与外部成为了各自独立的设计，一个应付于内容和图示需求的变化无常，而另一个以虚假情报的媒介，为城市提供着表象上稳定和富有生气的繁荣景象（什么文脉、民族感、符号等）。[18] 建筑设计与室内设计的分离，表现为各负其责，各行其道。看起来室内设计是建筑设计的延续，但实际上是对建筑设计系统的拆解，设计方法因此发生了变化。今天的建筑设计不再成为终端产品，变为了阶段性的过程，室内设计的后续介入使得原本完整的设计系统扭曲而变形，双方的矛盾日显凸现。尽管今天的建筑师与室内设计师各自都拥有一种成就感，但是人们从中不难感到一种悲哀或遗憾，因为设计师的这种各行其道的做法实际上是以牺牲建筑整体和谐之美为代价的。建筑师和室内设计师在各自创作中很难做到对建筑整体性的把握，对建筑总体负责的态度也就无从谈起，由此在建造中带来的浪费是不言而喻的。建筑物实际上成为了各种风格和意志的介质，可以随意地拼贴，而有些室内设计更像是游戏的过程，最终堕入设计的肤浅和骄躁。

如果建筑是理性的，那么空间就是非理性的。人们在对待建筑的问题看重的是支撑体的那部分，对空间的兴趣是通过装修的方式将文化上的理念和感情因素付诸于实施的同时，夸大了社会文化影响力的作用，包括审美、财富、身份以及人与人的社会关系等。这种现代社会中的共享生活观及其价值取向，在当前的室内装修中表现得过于功利化，凸显了一种非理性动机下的浮躁设计和标新立异的所谓创新。对于空间到底意味着什么，空间构成的方式以及所形成的氛围如何，这些并没有引起人们多少的关注，对于形式表现的热情要远远大于空间的实用。人们并没有意识到形式是最不具有可靠性的，它很容易被复制、模仿，而只有形式背后的东西才能够形成差异或个性，这就是个人的态度或者是一个设计师的自律性。

英国建筑师比尔·希利尔认为，空间的秩序基本上是取决于空间的布置和实体元素的计划，比如边界和墙的界定。[19] 那么，对于空间布置的方式也常常夹杂着使用者的意志和利益，并非是设计师一厢情愿的行为，因而一些非理性的动机必然反映在空间设计中。例如，住宅中的卫生间应该说是有着明确的功能性，但这并不意味着就是简单的功能空间，其实它包含了一种对待生活的态度和文化方面的内容。像喜欢冲凉的人，洗浴方式及空间形式是一个重要的问题，因为使用频率比较大，所以在洗浴设施的选择和布局上其主人的生活习惯起着决定作用。再有，对于某些人来说，卫生间是释放压力、放松身心的个人空间，像图 1-2-6 中，将原有砌块墙体拆除，改为轻质墙板的做法就说明了人对环境的改造欲望。界面体因此成为了一种设计的表现因素，空间的内容也随之改变，如增添了壁挂式电视和饮品架等设施。这种将形式及材质的表现上升到了实用和视觉审美的高度，实质上是要求卫生间整体布局更符合个性的需要，而不是教条化的功能效果。从这个例子来看，空间作为人们生活的物质基础，不是引起人们兴趣的那部分形式，而是由形式引起的场景，即空间的时效性。这种看似是个人的因素和一种非理性的动机，实则是真切可行的空间功能。由此，"空间问题的核心在于空间之间的相互关联"，[20] 这种关联又体现为一系列行为空间的组织和一种精神建构的过程。诸如此类的问题，会在后面的章节中再作详解。

将原有150mm厚的砌块墙拆除，改为70mm轻质墙，实则是一种空间上的分毫之争，其意义在于更有效地利用空间并为重新计划布置带来了机会。

由于墙体的改变，形成U形空间，正好放置饮品格架，满足了主人的需要。在沐浴中享受生活的乐趣，这些都来自于环境的营造。

10mm钢化磨砂玻璃，富有情趣的界面效果，内外光线可相互渗透。

壁挂式电视或音响等生活设备进入卫生间，说明人们注重了生活品位，同时也意味着环境表现是多样的、个性化的、并非是僵化而一成不变的。

卫生间并非只是功能性的，还是表现个性的空间，如在沐浴后喝杯饮料、看看电视是现代生活的一种休闲方式，也是调节人的身心状态的好方法。设计的目的在于为人们创造最为适宜的环境。

综上所述，建筑是引起室内话题的基础，也是将室内设计问题引向纵深的一条路径。尽管今天的建筑已经丧失了一部分的特征，注重其外在形式，而不在其空间营造的过程，但是，建筑的室内问题，尤其是空间适应于修正或改变的能力，恐怕是对建筑功能衡量的一个标准。室内设计正是在这种机制下的一种复兴活动，是生活与信仰具体化的表现过程。由此，室内设计实质上是借助了建筑这个母体而进行的一种多维的空间经营，并以此唤起了人们的参与热情，或者说，室内设计就是在建筑的感召下再度创造秩序的一种营生。因而建筑即室内，而室内表现于生活。

图 1-2-6 卫生间俯视图、局部透视
卫生间的布置体现了个人的情趣和对待生活的态度。功能不是僵化的执行，而是活生生的一种需求。

本章参考文献

[1]、[4]、[5]、[17] [英]布莱恩·劳森著.空间的语言[M].杨青娟,等译.北京:中国建筑工业出版社,2003:22、13、135、242.

[2]、[6]、[8] [英]彼得·柯林斯著.现代建筑设计思想的演变[M].英若聪译.北京:中国建筑工业出版社,2003:10、146、194.

[3] [意]布鲁诺·赛维著.建筑空间论[M].张似赞译.北京:中国建筑工业出版社,1985:18.

[7]、[9]、[10]、[13] [英]丹尼斯·夏普编著.理性主义者[M].邓敬,等译.北京:中国建筑工业出版社,2003:59、2、3、44.

[11]、[14] [希]安东尼·C·安东尼亚德斯著.建筑诗学[M].周玉鹏,等译.北京:中国建筑工业出版社,2006:17、25.

[12] [英]肯尼思·弗兰姆普敦著.现代建筑——一部批判的历史[M].原山,等译.北京:中国建筑工业出版社,1988:284.

[15]、[16] [日]安藤忠雄著.安藤忠雄论建筑[M].白林译.北京:中国建筑工业出版社,2003:122.

[18] [荷]雷姆·库哈斯著.大[J].姜珺译.世界建筑,2003,(2).

[19]、[20] 比尔·希利尔.场所艺术与空间科学[J].杨滔译.世界建筑,2005,(11).

本章图片来源

图1-1-1:[英]内奥米·斯汤戈编著.F·L·赖特.李永钧译.北京:中国轻工业出版社,2002。

图1-1-2、图1-1-4:K·弗兰姆普敦总主编.20世纪世界建筑精品集锦(第1、4卷).北京:中国建筑工业出版社,1999。

图1-1-3:[英]乔纳森·格兰西著.建筑的故事.罗德胤、张澜译.北京:生活·读书·新知三联书店,2003。

图1-1-5:[英]派屈克·纳特金斯著.建筑的故事.杨惠君,等译.上海:上海科学技术出版社,2001。

图1-1-6:世界建筑,02/2003。

其余图片均为笔者拍摄和提供。

Unit 2

第2章　历史建筑的空间语境

- 学习历史建筑，目的不是重复或教条化，而是想通过在前人留下的遗产中发现些什么，甚至想重新解释些什么。
- 对历史建筑背后的思想、态度及设计语境的分析与研究，是帮助建立正确的设计观和对设计原理理解的最有效的方法之一。
- 当代建筑所面临的问题就是要重建其思想内涵，而历史正如一面镜子映照出今天的一切所为，引用狄更斯的一句名言："当今是一切时代之最好，又是时代之最坏。"

2.1　中国传统建筑空间

中国建筑是中国文化的一个典型代表，其建筑的整体面貌呈现出一种社会的空间属性，始终连续相继，完整而统一地发展。然而，在中国人的观念中，建筑不是独立发展的事物，其建筑的意念是生活观而非艺术的，所以建筑不是一门独立的学问和艺术。因此，中国建筑与西方建筑的不同就在于西方建筑始终注重宗教及权贵意志的建筑观，更注重建筑永固的体量与垂直的构图、光影与雕塑般的造型，故着力于风格及形式的变化和起伏跌宕的面貌。中国建筑恰恰相反，着眼于建立当代的天地，信奉于"人神同在"，且建筑匠心更着力于建筑与环境的相融，即"天人合一"的宇宙观和自然观。故此，中国建筑不在于单体而重视群体，可以说，"群体"是中国建筑思想的精髓，一种依附于大地并向水平方向延展的群体组合和由群体所围合的空间便是中国建筑的最大特征。

虽然中国建筑没有像西方建筑那样，每个时期都有鲜明的风格特征和技术的进步，总体进程是缓慢的，缺少变化和演进，甚至有些人认为中国建筑没有创新和活力。但是，中国建筑是以传统哲学思想为基础，不着意于建筑实体部分的变化和永久，注重"有无相生"的辩证哲学观，同时保持了文化的整体性和一种朴素的生态环境观，正像梁思成先生所言："我们的中华文化则血脉相承，蓬勃地滋生发展，四千余年，一气呵成。"[1]

2.1.1　传统建筑中的空间观

"空间"一词，在中国人的心目中有两种观念，一是以方位建立的空间观，即东西南北的方位性；二是以数字为基础的平面布局，即"居中为尊"的奇数排列空间，二者是从感性到理性的认识过程。因此，中国人对空间意识在于水平向度的体系中建立，与西方的垂直体系不同，更注重数字的神秘性和前后、左右与中心等空间方位的分辨。人们对空间的领悟是由萌生、积淀和民族的意识中，逐渐形成相对固定的空间模式，并发展了本民族特色的空间认识观。

2.1.1.1　空间的格局

中国建筑的布局注重整体序列，轻单体建筑的形态及室内空间的变化，总体上平淡无奇，大同小异，并不体现个性。设计的意念不在建筑形式上，而是在紧紧掌握和控制一种"组织程序"，即外部空间序列的安排是根据环境及场地特质的不同应运而生。尽管整体格局似乎程式化，但是在实际空间关系和格调上却常常表现了不一样的视觉景观。人们在行进中体验时空连续所带来的景色变化的同时，感受着院落空间的层层递进，并由此在空间转换中所产生情绪和心理的变化正是设计的一种控制与把握，也是设计的立意所在。

1. 中心论

人介入空间，必然会体现人与空间的关系，在中国建筑中这种关系则是以"中心"为基准并贯穿于人本精神的一种空间图式。其实，在任何一种文化中，"中心"的概念自古有之，其原因是人类社会的阶级性和等级制必然会在社会的各个层面中反映出来。建筑空间的"中心"观也正是一种社会意识的普遍反映，因而在中国人的建筑空间观念中，"居中为尊"的思想根深蒂固，直至今日。

然而，问题是中国在崇尚自然、尊重环境的同时，对称构图又是如此明确而坚定，建筑的中轴对称布局成为了中国传统建筑思想的典型代表，无论是古代都城布局，还是民宅建筑无不体现了一种对称的观念（图2-1-1）。为什么会有如此与自然环境相对立的意识，说来复杂。不过，我们可以感到，中国人把建筑布局视为人生的坐标，与道德、伦理有关，希望通过一种手段建立强有力的秩序和保持一种严密的组织关系。理性而严整的建筑构图成为了一贯坚持的模式，直到今天中国人还是普遍接受对称的建筑布局。

图2-1-1　中国传统建筑中的对称组织形式
对称的居中开间要大于其他开间，称为明间，与西方有所不同。这自然反映了构图组织的秩序和韵律。

人类的对称观可能来自于我们自身和自然的生物界。中国的对称意识与西方有所不同，西方建筑强调了中轴对称的关系，中国建筑则在对称中还注重数字观，即发展出了"五"和"九"的空间图式。所谓"九五之尊"历来都有不同的理解，"九"在数字中最大，而"五"是数字的中位，因而含有"至尊中正"之意。然而在建筑中强调奇数的空间排列是中国建筑空间构成的一大特征，它代表了中国古代哲学的某些思想，如老子《道德经》中的"道生一，一生二，二生三，三生万物"的世界观与中国传统建筑思想有着某种的契合。"三"则成为了中国建筑最基本的空间单元。

2. 南北纵向的空间发展

中国建筑历来强调南北方向的纵轴线的空间布局，与西方建筑有着很大的不同。在基督教文化中，教堂布局一般都是东西向的，建筑坐东朝西，西立面则成为其主要立面。东西向在中国文化中占有一定的地位，但南北轴向的建筑布局依然是主导性的，无论是合院建筑的布局，还是宫城的总体规划都强调了南北纵轴线为主的思想，即便是自由式的园林布局，也不免布置一些南北纵向为主的院落。中国建筑的这种南北纵向布局，如同中国卷轴画，空间像卷轴一样慢慢展开而渐渐显现。一个院子接着一个院子，直至全部走完，才能真正领略到空间的全部，因而中国人把"空间意识转化为时间进程"，[2]并形成了独特的建筑空间观（图2-1-2）。这种"时空"概念对于今天而言，却是建筑空间创造中的一个重要因素，这不得不让我们感到中国传统空间构成所具有的一种现代意识和在空间组织上所达到的极高造诣。

然而，中国传统空间的营造又与传统绘画有着某种内在的联系，例如中国画中的散点透视法注重的是全景式的构图，与西方绘画的焦点透视法完全不同。特别是中国长卷式绘画，给人边走边看的全景感受，如著名的北宋画家张择端的《清明上河图》，为人们展现了纷繁热闹的全景式的场景。这种构图是把全部景致组织成一幅气韵生动、有节奏有变化

图 2-1-2 北京，紫禁城
纵向轴线明确，以院落的方式层层递进、延伸，直到景山为止，构成完整的卷轴画式空间序列。

的艺术画面，不受到焦点透视法的制约（图 2-1-3）。中国画的这种动态布局在中国式建筑空间中能够充分的显现，在行走中体验空间，并感受由步伐不断地向前移动带来的景致变化，一种散点式的空间序列成为了中国建筑空间的创造。

（a）

（b）

图 2-1-3 运用散点透视法的中国传统绘画
散点透视展现了中国全景式的绘画构图，一种时间要素注入了其中。
（a）清明上河图局部；（b）"武陵春色"（《圆明园图咏》）

3. 院落精神

如果西方建筑是以"座"为单位的建筑体，那么，中国建筑则是以"院"为单位的建筑群。合院建筑的外在性在于外整内繁的空间构图，将单座建筑弱化，强化总体的布局；而内在性则表现出了中国人一种内向性的生活态度。因此，谈论中国建筑空间必须从院落入手，因为中国传统建筑模式的基础就是以院落建筑群为基准的空间单元，一种用"数"所构成的建筑群体。单体建筑仅作为如同西方建筑中一个"房间"的概念，不足以形成整体的空间意象，建筑平面的组织也是由一个个露天院子所构成的建筑群。建筑的意向在于外部空间环境而非室内，与西方建筑意在室内空间正好相反（图2-1-4）。

中国传统建筑的院落观是由"门堂之制"而构成。门是脸，堂是心，一种内与外、表与里的关系形成了合院空间的精神。"门"在中国古代建筑中作为一种空间边界的一个重要元素，也是组织空间层次的一种手段。空间的序列正是通过一道道门的设置而形成像中国卷轴画式的逐渐展现。"堂"有"居中向阳之屋，堂堂高显之意"，是单座建筑中的主体内容，在大小建筑中都有不同规模的"堂屋"概念。因此，堂屋作为群落建筑中的一个核心空间，与周围的连廊和庭院形成了"堂下周屋"，承担起了"正房"、"正厅"的所有功能。由此，我们还可以把露天的庭院视为没有屋顶的大厅，与堂屋形成完整的环境空间，并赋予其室内的功能（图2-1-5）。

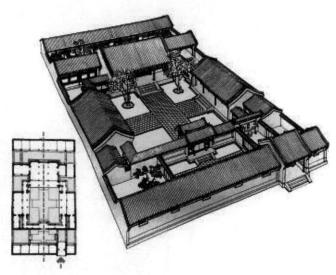

图2-1-4　北京典型四合院住宅
外整内繁的构图，体现了中国人的外谦内扬的处事心态。

图2-1-5　江南民居内院
庭院是家庭操办大事的场所，具有大厅的概念。建筑的内与外用活动的门扇来界定，灵活而多变。

2.1.1.2　空间中的风水

风水术是中国古代建筑环境观的具体体现，是有着浓厚神秘色彩的一门理论，其中重要的思想是人与自然的交融与统一。这种在中国古代观念中被视为"仰则观象于天，俯则观法于地"的学问，实际上是以阴阳五行说为基础的一种带有某些玄奥色彩的"占卜术"，或者称之为"堪舆学"。因而，观天相地成为了古代人们选择建筑地点的必要内容之一，也是对环境综合评判的一个重要标准。

1. 喜水忌风

择址定居是中国古代人们向来看重的事情，这也是安居乐业的基本保证。"仰观天文，俯察地理"的风水术是建筑生成的重要方式，并广为流传，影响深远。然而，风水术在建筑及环境方面体现了"生气"与"聚水"的概念，正所谓"无水则风到气散，有水则气止而风无"，[3]风之害被认为是居住环境之大忌，故要"'藏风得水'，生气才能旺盛"。[4]

"生气"实质上是"聚人",人丁兴旺才能家庭幸福,传宗接代,这是中国人一种普遍的传统认识观。"聚水"则体现为"聚财",素有"肥水不流外人田"之说法,而且水又具有滋润雨露,万物生长之含义。因此,在建筑空间中常常设置与水相关的内容,如以"四水归堂"、"近水之利"等寓意,来表达人们喜水的心境(图2-1-6)。

(a)   (b)

图2-1-6 传统民居中"聚水"的表现形式
"聚水"是建筑构成的重要元素,即便在北方,庭院中放置水缸也是对"聚水"的一种表达。
(a)江西民居;(b)山西民居

2. 向阳之愿

对于房屋而言,房间的朝向、开间尺法以及使用功能的合理布局是非常重要的,在中国人的心目中向来认同阴阳学说,因而在环境中"阳"是指地势高、日照多,而"阴"则指地势洼且日照少。然而在古人眼里,阴阳两极包含于一切事物,并且视为是自然运动和发展的基本规律。因此,建筑空间与阴阳相联系也是必然之事,如择地要"负阴而抱阳"、"背山而面水";而室内则要规整方正、向阳之屋为吉利等。古人的这种风水理论不免体现了一些朴素的生态观和一种"南向文化"在房屋构成中所起到的重要作用。同时,阴阳变化也说明了客观存在的一切现象,是对立统一的辩证关系。从自然环境的角度,注重建筑与环境的协调发展就是出于人类生存与生态平衡的需要,也是对和谐与统一的深度理解。因此,房屋的规划问题就关系到了人们的生活与环境的质量,其中房屋进深与开间是重要要素,如房间的平面一般不宜大于1:2的比例关系,以2:3、3:5或正方形等为适宜,以此适应于人们日常生活之所需。进而,地区的差异性在建筑布置中是不可忽视的内容,其中炎热的南方,应注重室内的隔热和避免过多的热辐射,而进深大些的房间且保持良好通风的效果是比较适宜的;在寒冷的北方地带,大开间小进深的房间布置就更为合适,因为这能够有效地获取更多的日照,使室内光线充足而保暖。

3. 凶吉之向

在古代,人们把房屋的方位与五行八卦相联系,并明确了凶吉之向。人们向来注重"坐北朝南、定之方中"的空间理念,认为"东南门,西南圈,东北角上来做饭"是房屋定位的基本格局。房屋多以南向为主,强调了气候日照的自然环境,关注于凶吉方位的空间关系,诸如养生、沐浴之事物宜于吉利方位;而生活污秽之事物宜于凶煞方位等。这种鲜明的空间方位意识实际上多少有些出于对自然地理环境方面的考虑,并非只是人为的某些观念。另有，室内空间的容积也是一个重要的因素，如"正房宽敞出贵人"、"堂屋有量不生灾"[5]之说法就体现了某种生态的居住观。不过，对于室内空间不是越高大就越好，也有"室大多阴，室小多阳，阴盛则阳病生，阳盛则阴病生"[6]的空间认识。由此可见，房间的高度与平面尺寸、窗地比的关系以及通风采光等都是评价室内环境优劣的重要方面，并不是风水术中的某些观念认为房间中的"凶"与"吉"是和家具陈设的摆放方位及主人的生辰八字的搭配关系等内容有关。故此，我们应该认识到风水术中那些相当多的迷信观念，事实上与建筑环境的优劣完全无关，理应彻底摈弃。

2.1.1.3 室内空间

中国传统建筑的规模在于"数和间"所构成的群体上，不同于西方古典建筑"体和量"的扩大上。中国建筑把主要精力放在了总体布局上的做法，正好与西方建筑以"座"为单位的外整内繁的空间相反，室内空间自然显得比较简单而直接了当。单座建筑的空间形式上并没有什么变化，通常采用的是一种"标准式"的设计，平面形式则是以"间"为单位的排列方式。室内常常以屏风、帷帐、格架及隔扇等手段来划分和组织空间，具有相当的灵活性和非固定性，与主体结构不发生力学上的联系（图2-1-7）。这种隔而不断的空间，在使用上也存在着一些不足之处，如隔声方面及私密性上要差些。

图2-1-7 山西民居室内
图中隔断为碧纱橱，可装卸，具有一定的灵活性。

中国传统的"单座建筑"的平面生成方式，主要是依建筑的结构、材料及形制要求而定的，并不是根据各自不同的使用功能而形成多样化的室内空间关系。人们把生活的内容"化整为零"，分设而立，不像西方建筑那样"集中式"的布局。主要原因是"风水术"的观念直接影响着建筑的空间布局，例如与生活紧密相关的卫生间就一定要另设，不能放到房间中，诸如厨房做饭之处也有它自己的位置等有着一整套的礼数。另外，中国传统建筑的伦理观也比较严重，如墨子的"宫墙之高，足以别男女之礼"，就能充分说明了建筑中的男女空间的限定。因而，"礼"在中国传统建筑中占有很重要的地位，比如在住宅中，"北屋为尊，两厢次之，倒座为宾"的空间排序就体现了中国"礼制"精神在建筑上的反映，并且一直影响着中国建筑空间的发展。

2.1.2 建筑装饰

房屋作为合乎使用的一种"容器"，似乎在中国建筑中体现的非常明确。中国建筑设计的"标准化"，使各类建筑看上去大同小异，并没有形成各自的"性格"，因而不同用途的建筑却采用了相同的形制和布局，以至于在西方人眼里认为中国建筑过于单纯，千篇一律，从没有变化。那么，中国建筑当真没有"性格"吗？答案是有的。中国建筑把环境理解为精神的，而建筑则当作一种图式表达的载体，在大量的纹样与图案表现中焕发着充满生命活力的一种神韵和审美。这种二维体面的装饰更多地是通过建筑装修的手段来实现其不同的性格，因此建筑体现了工艺精神，装修则传达了一种人文品质。

2.1.2.1　立面构图

中国传统建筑有"三分说"的理论，早在北宋著名匠师喻皓所著的《木经》一书中就有"凡屋有三分。自梁以上为上分，地以上为中分，阶为下分"之说，这实际上是指建筑的屋顶、屋身和台基三部分的构成。然而，中国传统建筑的立面构成是以屋顶最为突出，其次为屋身，再次是台基的整体组合。"三分说"又可以各自分立，形成独立发展的趋势，自成一体。

1. 屋顶

"屋顶"是中国传统建筑最显著的特征，其形式几乎完全基于视觉要求而创作的。有人说过，"中国建筑就是一种屋顶设计的艺术"。[7]这种"大屋顶"的建筑深刻反映了中国美学精神在建筑中的表现力，其"形"和"量"的声势远大于世界上的任何建筑。但是，中国式的"大屋顶"却与自然保持着一种和谐的状态，与西方穹隆顶建筑及哥特式尖顶建筑完全不同（图2-1-8）。如在构图上，"大屋顶"的凹形曲线有着向下的趋势，表达了一种谦恭和对天空的接受态度，但其屋脊的曲线向上翘起反倒使屋顶又有轻盈飞起之感，同时在建筑的外轮廓线上形成了优雅的曲线和丰富的边界。另外，屋顶上象征吉祥的装饰和色彩也增强了视觉的感染力，使建筑形态呈现了强烈而显著的特征，与西方建筑形成了鲜明的对比。

苏州拙政园

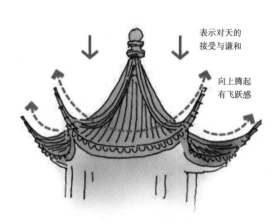

表示对天的
接受与谦和

向上腾起
有飞跃感

中国建筑屋顶意向

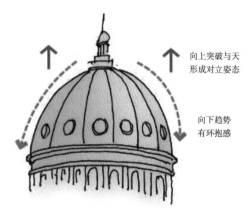

向上突破与天
形成对立姿态

向下趋势
有环抱感

西方建筑屋顶意向

佛罗伦萨主教堂

图2-1-8　苏州拙政园建筑与佛罗伦萨主教堂屋顶比较
中西方建筑屋顶有着明显的不同，无论是造型，还是用材及色彩都各具特色，代表着各自的文化和对自然的不同态度。

2. 屋身

中国传统建筑的立面往往需要和具体的环境相融合，成为环境中的元素。由于建筑置身于院落中，建筑的正立面对着庭院，形成庭院的"四壁"关系，如同没有屋顶的大厅一般。事实上，在大多数情况下建筑的立面都具有"二重性"，既是建筑的外立面，又是庭院的四壁。一种房屋的"外"与庭院的"内"构成了环境的整体，因此我们可以视为庭院内的房屋立面具有室内性质的界面关系（图2-1-9）。这种"墙壁"式的立面效果，并不是说室内外没有区别，而是一种颇具微妙的"内""外"转换的统一。建筑立面的构图着重于近观性的装饰处理方法，如一些细部装饰的刻画精致入微，适合于人细细的近赏，其比例也符合于人的视觉法度。所以，中国建筑立面的艺术表现在于"戏剧性

图2-1-9 山西民居内院
建筑立面具有二维的视觉性，设计方法更像是室内的隔断，轻盈而通透，华丽而精细。

地一幕幕安排和推出一连串的封闭空间的景象"，[8]一种"外谦而内扬"的场所精神。

3. 台基

台基作为建筑结构的基础，本来是一种力学上的合理形式，就如同一个平台把建筑整体的抬起，形成"板块基础"。然而，台基在建筑中又有等级的限定和空间的表现力，例如随着院子的进深变化，台基的高度也随之升高，到达院子的堂屋或最重要的建筑物时，台基一定是最高的，这显然表现了空间的序列关系和维持视觉上的权衡。因此，台基在中国建筑空间的序列起伏变化中起到了相当重要的作用，并成为了一种固定的建筑形制。

除了一般台基之外，还有"平座式"、"须弥座"和"高台式"等形式，立面装饰颇为丰富且有等级标准，如台基的大小、高低与房屋主人的权势、地位有关，体现出了封建权贵的空间意识观（图2-1-10）。

(a)

(b)

图2-1-10 传统建筑中的台基
三层须弥座是最高等级的台基。汉白玉的雕刻更是皇权的象征。
（a）北京故宫；（b）北京景山寿皇殿须弥座

2.1.2.2 结构与工艺之美

建筑结构与审美的结合是中国传统建造的一个原则,以本真的构件出现的建筑结构实则是实用与美的完好表现。尽管建筑结构构件都是以标准制式加工制作的,但是这种以直线为主体的几何形体与一系列柔顺曲线的构件,既形成了精准而清晰的力学受力的关系,又符合于中国传统的美学观点,实际上体现了一种刚中带柔的品质。

1. 结构暴露的美

木结构建筑的一大特征,就是木材不宜置于完全封闭的状态下,如木料一旦被泥土或砖石掩埋必然会容易腐烂。所以,木材需要保持在通风的环境中,才能延长其使用寿命,这就是中国传统建筑结构暴露的原因所在。

木材具有易加工和雕琢的特点,它既能成为房屋的主体结构,起到力学的支撑作用,又能提供人们表现的可能。中国古代工匠们在满足建筑结构受力的情况下,把所有的构件都进行了审美上的处理,以此达到一种视觉上的愉悦。例如,斗和拱作为中国传统建筑结构中的基本单元,在三维空间力系的组织上是出色的,也是在美学上的成功形体,成为了人们表现中国传统建筑精神的一个符号。尽管到了明清时期,斗拱在力学和构造中的作用逐渐降低,但它仍然具有很高的审美价值,被后来的建筑作为一种装饰性的构件延续使用(图2-1-11)。

图2-1-11 山西平遥古城建筑
斗拱在屋檐下构成了一组组雕刻性的语言,精致而富有立体的视觉效果。

2. 功能与审美的结合

中国传统建筑有大木作与小木作之分,大木作是指建筑的主要承重部分,如柱、梁、枋、檩、斗拱等;小木作则是指建筑非承重构件的部分,如门扇、窗、木隔断、栏杆、天花、罩等。这些工艺和做法基本上秉承着表里如一的"实在",既承担着功能性,又体现为审美性。例如,室内中的藻井顶棚、卷棚式弧形顶以及碧纱橱等形式的装修,在功能与装饰方面是以真实性为基础的,即本真性的装饰,而非表皮性的(图2-1-12)。这

（a）

（c）

（b）

（d）

图2-1-12 传统建筑中的结构与装修的关系
（a）江南民居中的栏杆、门扇等;（b）紫禁城太和殿藻井顶棚;（c）江西民居中的梁架雕刻细部;（d）江南民居中称作"轩"的天花

些实在构件的美学精神体现了非多余的建筑装饰观，在一定程度上反映了一种节约的思想，这不正是我们今天所要提倡和学习的简约精神吗？那么，什么是中国传统建筑中的装饰精神，可以概括地理解为，就是基于功能与审美完美结合的一种反映真实性的美学态度。

2.1.2.3 雕饰与彩饰

在中国古代建筑中，"构件的装饰"多于"装饰的构件"。建筑装饰的目的是美学与力学、视觉效果与使用效果相统一，并非是单纯的装饰考虑，即便是有一些纯粹的装饰性构件，也一定会赋予其象征的意义。诸如那些拥有大量象征美好含义的图式纹样的建筑，一方面表现出了工艺的精湛和独具匠心；另一方面也反映一种乐观向上的生活态度，总体上以"福"、"禄"、"寿"、"喜"的审美概念来表达人们的意愿，无论是雕饰还是彩饰都代表着人们对美好生活的祈盼和向往。

1. 建筑的雕饰

雕饰的运用，使中国建筑的木结构在本来就具有造型意味的基础上，增添了强烈的装饰美的效果。无论是官式建筑，还是民居等一些建筑中都能看到不同程度的建筑雕饰工艺，比如在建筑中素有木雕、砖雕和石雕，其内容繁多，纹饰图案丰富而较自由随意，堪称为中国建筑的三绝。然而，木雕是建筑中运用最多的一种，被广泛使用在建筑木结构处的各个部位，大到梁、柱，门窗、隔扇等，小到雀替、椽头、花罩和天花细部上都有雕刻工艺。石雕由于工艺难度较大，且材料昂贵，所以在民间建筑中使用量比较小，一般情况多在柱础、外门框和门鼓石等部位处应用石材雕刻，而对于重要建筑或者是皇家建筑才会出现较大量的石材雕刻。另外，砖雕只出现于建筑中，其工艺独特，在宋元时期曾作为建筑等级的标志，其艺术价值颇高，堪称是中国建筑装饰所独有（图2-1-13）。

（a）

（b） （c）

图2-1-13 传统建筑中的三雕

这些无名的艺术作品透射着工匠们对艺术的虔诚态度，展现出工匠们精湛的技艺，同时也传达了主人对生活的理想和祝福。

雕刻工艺基本上分为浮雕、透雕和圆雕三大类，其中在建筑中浅浮雕、深浮雕和透雕运用最多，能够与建筑很好的融为一体。

（a）木雕；（b）砖雕；（c）石雕

2.建筑的彩饰

色彩对人类来说赋予了太多的意义，不只是中国建筑中拥有丰富的色彩，就是在古希腊时期的建筑也同样有过绚丽的色彩效果。所不同的是，中国的统治阶级力求通过色彩来建立一整套的社会秩序，不仅仅在建筑中，而且在服饰方面都有所体现。例如，明黄色历来归属皇家专用，而彩绘则只许在皇家建筑和官式建筑中出现，庶民庐舍不得使用彩绘等，因此色彩在中国古代建筑中并非只是装饰的美学意义，还代表着权力和等级的制度。

彩饰作为中国古代建筑的一个特征，它包括油彩、彩画和壁画三种装饰方法，起初有对木结构施加保护的含义。房屋上的彩饰历史应该追溯到很远，可以说建筑物上的彩饰源自古代的绘画。然而建筑彩画在中国古代建筑中种类繁多，等级分明，如到了明末清初时期，和玺彩画等级最高，其次是旋子彩画，再有石碾玉彩画、点金彩画和苏式彩画等（图2-1-14）。彩画工艺一般比较复杂，全部使用天然矿物颜料，如石青、石绿、银朱等，其色调以纯净的青绿色调为主，体现了宁静、淡雅的风格，常常与金黄色的屋顶形成了冷暖的对比关系。彩画的内容与形式方面，既有抽象的图案，也有一些反映水生植物的形象，还有"防火免灾"之意，即使图案的内容已经有了改变，但在色彩上仍不失其原意。另外，在一些庙宇建筑中也有绘制壁画的历史，如著名的山西芮城永乐宫壁画就具有极高的艺术价值（图2-1-15）。不过，中国古代建筑的彩画与西方哥特建筑中的彩画有着根本的不同，它表现了人间的美意和象征的意义，赋予了建筑以色彩的面貌并创造了灿烂辉煌的建筑（图2-1-16）。

图2-1-14 传统建筑中的彩画
和玺彩画与旋子彩画等，内容多为植物图案和几何纹样，龙凤图案只用在皇宫及国家级神庙中。苏式彩画则以山水、花鸟及群仙捧寿等内容，显得生动而活跃。
（a）北京雍和宫牌楼，金龙和玺与旋子彩画结合；（b）北京北海静心斋，包袱式苏式彩画

（a）

（b）

图2-1-15 元代永乐宫壁画
中国画用线条来塑造形体，与富有线条感的建筑有着某种内在联系。

图2-1-16 河北易县清西陵，二柱门
中国建筑素有色彩丰富，施色大胆而鲜明之特色。

2.1.3　室内空间中的人文品质

在建筑中注入文学艺术之魂魄，是中国传统建筑空间的又一大特征。它们超越了物质之象，寄兴寓情，使得空间环境的格调更高，意境更深远。从不同的室内陈设布置中显示了空间的品质和一种艺术修养，并借以反映主人的地位、性格、爱好和文化修养。

2.1.3.1　书画

中国书画作为一种国粹，不仅仅是古代文人的一个必备素养，而且渗入到了社会生活和个性的精神之中。在各类的建筑空间布置中都将书画作为一种"格调"来表现，像人文体裁的书画、匾联、题咏的恰当应用就更深化室内空间环境的精神意境。因此，室内空间中"名人尺幅，自不可少"是增强室内环境艺术氛围和空间品位的重要方法。

1. 营造空间的格调

对于一个室内空间来讲，"厅壁不宜太素，亦忌太华"，或方正、端庄，或素雅而凝练，其尺幅、色调、位置和形式等都应主次分明、体现一种空间的秩序，这是室内布局的原则，无疑也是"中正无邪，礼之质也"观念的外化。所以，"书房壁间书画必不可少，而不留余地，亦是文人之俗态"，而"堂中宜挂大幅，斋中宜小景花鸟"，"高斋精舍宜挂单条"[9]等都反映了室内空间中"花香不在多，室雅无需大"的审美境界（图2-1-17）。室内环境的营造注重自然本色的风格，贵在自然朴素，鄙视过分的文饰。正如老子《道德经》上所说"复归于朴"，中国画中的"妙造自然"，以及明代造园家计成所著《园冶》上的"时遵雅朴，古摘端方"等都体现了中国的审美精神，而一贯反对金碧辉煌，雕镂藻饰。由此可见，质朴之美深得人心，也是室内空间格调的立本之源。

2. 点化空间的主题

中国是一个善用书画抒发情感和理想的民族，在空间中悬挂书画和匾联等绝非是表面的装饰或装点门面，其代表了主人乃至家族的生活理想及人生目标。书画在空间中起到了重道、遵理、助人伦和敦教化的作用，并成为空间中的主题渲染。匾联、条幅及文饰超乎了装饰性，其内容的意义大于形式本身，往往表现出主人的品格和人生的哲理等内涵。这类装饰注重其精贵，而不在多，追求一字千金，并有助于渲染室内氛围，使到访者通过书画等艺术形式能够领略到主人的品行及审美的追求（图2-1-18）。

2.1.3.2　家具

在空间中以家具、陈设来传达主人的文化修养和爱好，使室内环境赋有个性，是人们对空间营造的一种普遍方式，而不是设计师的所为。家具及陈设反映了主人生活的积累和持续营造的过程，因而室内很多的物品既有实用价值，也有审美意义。像家具、图书、文房四宝、瓷器、宝瓶等室内摆件，都能体现主人的志趣和心境，给人一种雅致美好的感受。

图2-1-17　江西民居中客厅
书画在空间中起到了中心定位的作用。

图2-1-18　江南民居客厅
中国室内空间固然简单，但空间氛围在书画和家具及陈设的烘托下，显得尤为雅致而意境深远，充分体现了室内设计的人文心态及赋予建筑以文学之精神。

1.家具的布置

家具在室内空间中位置很重要，一个室内空间如果没有了家具，那么这个空间就不可能留得住人。在中国传统建筑空间中，室内空间的组织往往是通过家具的布置来完成的，而家具的布置涉及到了空间的构图和使用，以及空间秩序的建立（图2-1-19）。

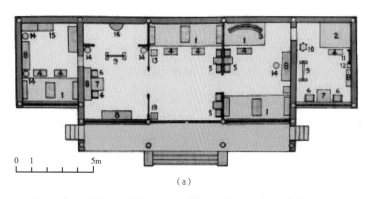

（a）

1—炕；2—床；3—炕屏；4—脚踏；5——几二椅；6—椅；7—方桌；8—长桌；9—穿衣镜；10—脸盆架；11—衣架；12—几；13—方凳；14—圆凳；15—立柜；16—半圆桌

（b）

图2-1-19　清代住宅平面和室内透视
居中为明间，两侧为次间，两端为尽间。透视是从西次间看明间。
（a）住宅平面图；（b）室内透视图

室内空间中家具布置一般分为规则的布局和随意的布局两种，其家居布置多顺应建筑的关系，并根据空间的性质来确定。例如，厅堂空间中的家具布置一定是以中轴对称的方式，形成庄重平稳的规则构图，以此达到所谓的"立必端直，处必廉方"。这种讲究明确的位序及伦理的逻辑关系，实际上是儒学礼教的观念在中国室内空间中的外在表现，具有普适性的意义。就是在今天的室内空间布局中，仍然能够看到这种观念的存在，家具在此起到了非常重要的作用。

2.家具的品位

家具作为室内形态的一个重要元素，其不仅仅有着优美的造型和精细纤巧的工艺，而且在材质上选材考究，重纹理优美、质地纯净、手感细腻等品质。特别是中国明清时期的家具以其优雅、简明的造型和精湛的工艺著称，成为人们一直追捧的艺术收藏。不仅如此，中国古典家具的确具有浓郁的文化品位和极高的艺术表现力，比如圈椅的上圆下方，就体现了古人天圆地方的理念，其结构与理念结合得如此巧妙和完美，令人叹观止矣（图2-1-20）。而且，中国古典家具不只是造型的美，在使用上也非常注重人体尺度和人的活动规律的把握，在某种意义上又与建筑的结构美有着异曲同工之妙，可以说是形式与内容完美统一的一部教科书。

图2-1-20　明式圈椅
中国家具工艺与建筑做法有相似之处，并寓意了很多中国传统的思想和精神。

在室内空间中，家具决定着室内环境的氛围，因为中国古典家具在注重天然美的品质和极其高超的工艺技巧的同时，注入了一定的社会及文化的属性。像中国传统的世俗观、等级观以及审美观必然反映在家具中，诸如官帽椅、交椅、太师椅以及罗汉床和八仙桌等名头的家具，人们赋予了丰富的想象和说法。家具的寓意性代表着人们的生活追求，表白着主人的地位与实力，同时也体现为环境的整体格调和品位。因此，在空间营造中装饰是配角，家具才是空间中的主角。

2.1.3.3 植物

植物是屋与院之间的一种媒介，是意境传达的最有效的方式之一。空间中因为有了植物寓意着生命的存在，而植物在建筑中更有拟人化的意味，这是中国人的普遍心理意识。所以，"屋中有园，园中有屋"便成了中国人的一种空间情结。以植物的象征手段来表达自然、诗情和画意，实际上体现了中国理性空间中的一种易趣，也是在"端庄廉方"中寻求柔美和轻松。

1. 刚柔相济的环境意识

植物与中国标准制式的房屋形成了"宫室务严整，园林务萧散"的对比，二者有着迥然不同的设计原则和性格表现，即规则、对称、直线和等级关系的空间，相对于不规则、非对称、曲线和自然的本原形态，以此构成了刚柔相济的环境关系。这种一刚一柔，"移天缩地"的概括性的设计手法，无论是视觉的，还是空间氛围的都使空间环境得到了自然性的表达与调和。因此，把代表自然要素的植物引入建筑中是中国式空间环境创造的一个重要特点，也是对自然本色风格的一种推崇，在空间构图中起着积极有效的作用（图2-1-21）。

图 2-1-21　江南园林

左图中的植物与环境构成了诗意的情景。

右图中的假山造型更富有动势，是环境中的精灵。

2. 拟人化的品性

植物融入到建筑空间中是深受中国文人画的影响，以"一卷代山，一勺代水"的画境思想与现实环境相交融。"移几竿竹，栽于窗前"，以此效仿于自然，传情而达意，即便是室内也有盆景和奇石摆件等艺术形式来追求花木山石的拟人化的性格表达。所以，盆景是中国的独创，源于佛教的供花，也可谓是自然的一个缩影，是室内空间氛围营造、传达意境的重要方法之一（图2-1-22）。

图 2-1-22　江南民居中的客厅

盆景与画相呼应，具有拟人化的寓意，同时体现了主人一种心境和品行。

中国人把一些植物比拟为人的品性由来已久，如被人们称之为植物中四君子的"梅兰竹菊"就是古代文人的一种情结，通常借以植物来抒发和寄托自我的情感与意趣是文人之常态。正如《园冶》举例说："至于玩芝兰则爱道性，睹松竹则思贞操"一样，全然与人生的节操相联系。因此，那种"松的苍劲、竹的秀挺、芭蕉的常青、腊梅的傲雪、牡丹的尊贵、莲花的纯洁、兰草的典雅"，[10]各自都使建筑环境赋予了诗情和人格的表达。

2.2　西方古典建筑空间

如果说中国建筑经历了一个土木的历史（框架式），那么，西方建筑就是一部石头的发展史（砌筑式），二者有着迥然不同的结果。可以说，整部西方建筑史实际上是以神庙和教堂为骨干的发展史，宗教是西方建筑发展的重要动力。也正是宗教的广泛传播激励了那些伟大的、富有标志性的建筑的大量涌现，创造了灿烂辉煌的西方建筑的历史，试想如果没有了教堂和神庙建筑其意义也就大为折损，就不会留给后人太多的借鉴了。

然而，在西方古典建筑中，图式的建筑语言一直统治着人们的意识，决定着建筑发展的方向。多少世纪以来，这种图式的建筑语言以传播西方的文明而被经典和风靡化，直到现代建筑运动的出现，才将其彻底打破。由此可见，语言是交流的工具，也是表达思想的一种方式。特别是那些古典建筑语言向我们传达了太多的精神和理念，如果没有那些经典的语言，我们就无法认识西方建筑及其创造的人文语境，也就不能继承什么。所以，我们学习古典建筑，目的不是想去重复或教条化，而是想在前人留下的遗产中发现些什么，甚至想重新解释些什么。

2.2.1　古希腊建筑的唯美精神

"古希腊的建筑乃是美学上反映西欧传统作品中最杰出的实例之一，同时也是随后世界各地兴起的多种建筑风格的基础。"[11]雕刻与柱式的完美应用代表着希腊建筑的一种精神，并成为符号化的语言传播到了很多的国家及地区。长期以来，人们对希腊风格的抄袭和复制更多地表现在对其形式造型、装饰及细部的简单移植，而非是建筑本身，也就是说，希腊建筑的空间并没有给后人留下什么。正如赛维认为希腊神庙的一个缺陷，在于忽视了内部空间。所以，我们应该清楚地认识到这种有着雕刻品特征的建筑从未有过建筑空间的创造性发展。

2.2.1.1　精神的唯美追求

古希腊神庙建筑的一个重要特征，在于精神的唯美，这种将建筑、自然与诸神结合成一个令人惊心动魄的整体，实际上是创造了一个神灵的圣地，并非是人性的场所。这种以"神"为中心的设计理念，是视建筑为一个空窍而已，人们并没有营造过为人的内部空间，也没有使用过建筑空间，把建筑完全视为雕刻品，一种"非建筑"化。

尽管在古希腊建筑中柱式人格化了，但仍然忽视了建筑空间的存在价值，所以我们今天感受到的古希腊建筑是崇高的情感、数学般的秩序和精神的纯创造。这种唯美精神也体现为一种雕刻的建筑语言，它实质上传达的是一种"神本"，而非"人本"，就像柯布西耶认为希腊帕提农神庙标志着一个精神的纯创造的顶峰。

1. 构图的理想

西方古典建筑在平面布局上往往是以"座"为单位的建筑群,与中国传统建筑以"院"为单位的建筑群在布局上有着鲜明的差异,两者表现出的空间形式也各不相同。雅典卫城的布局虽然没有总的建筑中轴线,但是轴线的概念仍然在建筑师那里赋予其一个目标,而这个目标又是以精心的手法,借助视觉的力量,把一些原本平淡的东西表现了出来。就像柯布西耶在他的《走向新建筑》一书中对雅典卫城规划描写的那样:"雅典卫城的轴线从彼列港直达潘特利克山,从海到山。山门垂直于轴线,远处的水平线就是海。而水平线总是跟你感觉到的你所在的建筑物的朝向正交,一个正交的观念在起作用。"[12]我们从古希腊雅典卫城的平面布局中还可以看到,一个具有对称要素的建筑置于不对称的场地中,使整体建筑群形成了自由式布置格局。这种看似随意,不刻意追求视觉上的整体性和序列的要求,实际上表达了一种尊重于自然并利用于自然的理想和愿望。

轴线也许是建筑空间和形式构成中最原始的方法,柯布西耶认为"轴线可能是人间最早的现象,这是人类一切行为的方式"。[13]虽然,轴线是想象的,在现实环境中看不见,但它却有控制全局的能力,我们从图2-2-1中的分析就能看到轴线在其中所起到的作用。因此,轴线作为设计的基准线,能够体现是条理性的还是无章无法的,是生动活跃的还是单调乏味的,一切都源自于线性状态的构成意向。

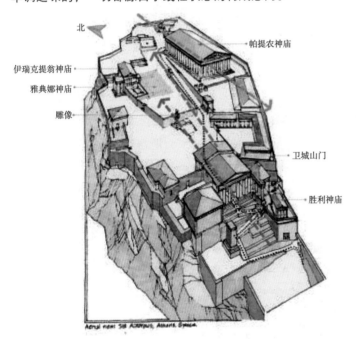

图2-2-1 希腊,雅典卫城透视
红轴线:空间序列关系。
蓝轴线:行进的路线、引道。
绿轴线:主建筑中轴,一种对称关系。
(笔者绘制分析图示)

2. 和谐的创造

古希腊建筑的构成是以适应需要与有机性为原则,并不受到人为的和对称的约束。一切都是根据体积、比例、材料质地等元素来构图,例如圆柱与方柱的结合形态。圆柱常作为母题,出现在外廊和有柱廊的立面中,方柱则在室内分隔房间中会达到适应而合理的效果。同时,一种简洁、清新、朴素而精炼的语言让人感到再也不能舍弃什么了,只剩下纯的、强有力的东西,这就是一种和谐美的创造,它给了我们"一个关于深刻的、和谐的、充实的认识"。[14]

2.2.1.2 体量上的宏伟表现

古希腊建筑群都是以宏大的单体建筑组成的,每栋建筑以规整的几何形体和简洁的线条（线角）以及和谐的体积效果构成了建筑的体量美，而这种体块的建筑在海岛的景色衬托下又表现出了一种壮观和纯粹。建筑的造型正是通过光与影显示其形式的美，巨大的柱式（多立克柱式、爱奥尼克柱式）排列在阳光的照射下具有强烈的光影效果，使建筑的尺度关系明确，风格雅致而沉净，并富有力量感。

1. 雕塑般的体块

集中式平面布局是西方古典建筑惯用的手法，其结果就是外观规整，室内复杂。建筑的立面往往采取厚实体块和不开洞的墙面，这样做更能体现纪念性建筑的特征。一种厚重坚实的墙体同时与列柱构成线与面的关系，在阳光的交相辉映下形成鲜明而生动的立面效果。由此可见，古代设计师们着力于塑性造型的处理，精心探求光与影的对比效果。

室内空间也表现出同样的技巧，由于体块墙体围合的缘故，室内大部分光线从天井射入，与中国南方某些民居建筑的天井采光有相似之处，但所不同的是这种天光凝聚了一种神圣的、精妙地逐渐过渡到漫射光的效果。从中我们感受到了古代建筑师们对空间节奏的把握，并精明地使用光线来组织运动感的光影变化。这种构图组合的魅力并非是体量的缘故，更多地是来自于设计师内心的感悟。

2. 精神的支柱

柱式是古希腊建筑最鲜明的特征之一，它寓意着一种纯精神的创造。在那高高耸立的巨柱中，人们能够感受到一种粗放的活力和朴素有力的线条，蕴藏着丰富、匀称的构图美。正像柯布西耶所描述的那样，"它们好像自然地上连于天，下连于地。这样创造了一个事实，对我们的理解力来说，它跟'海'的事实和'山'的事实一样自然。人类还有什么作品曾经达到这样的程度？"[15]的确，那些柱子、柱身的凹槽、复杂而厚重的檐部，与地面上的台基形成呼应关系，共同构成了简洁、和谐的体量，并使整个建筑赋予一种诗意的诠释。"希腊人创造了一个造型体系，它直接地、强有力地启动了我们的意识。"[16]古希腊柱式作为古典建筑的一种经典，不仅仅体现了古代希腊人的成就，同时也表现了人类对美的追求与执着。那些残存的柱式，今天看来不但不感到沉重，反而感到轻盈而生动，在海景的映衬下显得格外的宏伟和自然（图2-2-2）。

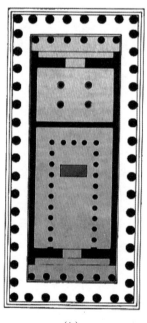

图2-2-2 希腊，帕提农神庙外观与平面
建筑如生长于大地之中，自然而神圣。与其说是一座建筑物，倒不如更是一件完美的雕塑作品。
（a）神庙外观；（b）神庙平面图

（a）　　　　　　　　　　　　　　（b）

2.2.1.3 空间中的富丽与精微

古希腊建筑是具有绘画性的特质，它在灵巧掌握虚实关系及创造光影对比的同时，还在建筑装饰方面表现出同样的技巧水平。可以说，装饰、色彩和绘画是古希腊建筑艺术的又一大特征，这也许是受到古埃及绘画的影响，室内空间效果往往借助于色彩、绘画来表现一种艺术氛围，使室内空间生动活泼，且具有强烈的视觉感染力。

1. 富丽的装饰

古代设计师们在建筑的营造中并未忽视对室内空间的协调处理，往往关注线条与画面的构图，以及在建造技术和材料性能方面都注入了更多的精神内涵。例如圆柱、方柱的交替处理的方式，几何规整的建筑形体和那些具有良好视觉法度的线脚，以及不同尺度的体量并置等，都反映了当时设计师们精湛的艺术处理技巧和对于光影效果、色彩效果以及绘画效果的一种强烈的感受力。同时也说明了人们掌握了"精确调整透视的方法；暗部和亮部的对比都在墙面装饰中得到了系统的应用，这种墙面装饰把人带进了虚幻的建筑构图"。[17]

可能受到古埃及绘画的影响，色彩被用于粉刷层上，"在圆柱、方柱、梁枋、门窗框这些木制构件，都用油漆点染，构成绘画装饰的边框"。[18]尽管这些室内效果已不能展现在人们面前，但是我们仍能够想象到昔日的富丽景象。室内壁画的出现一方面增强了室内空间的艺术氛围，化解了室内墙面的单调，调整了室内的视觉空间，软化了空间环境；另一方面也反映了希腊人十分爱好色彩的艳丽和有装饰性的一种环境创造。因此，绘画在室内空间中具有点化环境，渲染气氛的意义，从此界定了绘画与建筑艺术是不可分离的组成部分。

2. 精微的雕刻

古希腊建筑多半是建筑师与雕刻家合作的，或者是同一个雕刻家在起双重作用，例如帕提农神庙就是菲迪亚斯所为。帕提农神庙的艺术价值就能证明了"不是一个经营者的、工程师的、平面描图员的作品"，而是"菲迪亚斯造了帕提农，伟大的雕刻家菲迪亚斯"。[19]正是由于其极端重要的雕刻装饰使得建筑的价值进一步提高，例如其山花上的雕刻，无不让人感到"有点粗野，有点紧张，更加温柔，非常细腻，非常有力"，[20]凡是到过现场的人都会很清楚这座伟大建筑的意义（图2-2-3）。建筑上的每一种雕刻装饰都能适应其项目的灵活性和技巧，显示出最大限度的精确和极具表现力的效果。然而它的造型又非常纯净，以致我们觉得虽为人作，却有着鬼斧神工般的魔力。例如，那些壮实雄大的柱头都是有意用整块大理石精雕细琢而成，其细微的程度"连一毫米的细枝末节都在起作用"。[21]这使得我们读出了另一种精神，就是基于数学的关系和比例系统的控制与把握（图2-2-4）。

图 2-2-3 希腊，帕提农神庙雕刻局部
极其细腻的雕刻又不失概括和大气。

2.2.2 古罗马建筑的现实精神

如果说帕提农神庙为世人创造了完美无缺的艺术，那么，罗马建筑

图 2-2-4 爱奥尼克柱头
纤细的线条是手工雕琢的，精致而准确。

就为我们留下了无与伦比的文化遗产。尽管罗马建筑是多种不同要素的混合物，在很多方面吸取了希腊建筑的成就，甚至有些是直接借用希腊传统所提供的建筑形式、风格样式和装饰细部。不过，从另一方面也延续了来自古意大利的文化，二者各自都是主角，就如同是二重奏，共同奏响了西方古典建筑艺术的华彩乐章。所不同的是"希腊建筑按照其社会和美学前提的内在逻辑性曾非常自由地走向成熟，而罗马建筑发展的大部分历史却否定了这种艺术上的奢求"。[22] 所以，古罗马建筑的最大成就是建筑技术（券拱技术）的发展和现实主义的建筑观。

2.2.2.1 建筑的空间

罗马建筑与希腊建筑的不同在于"建筑"与"非建筑"，而罗马建筑最为显著的特征是建筑空间的围合性而非封闭性，是一种可使用的建筑。虽然，罗马人并不向希腊人那样，在艺术中追求人与宇宙的和谐与理想，但是，罗马人勇于实践，善于逻辑思维，在工程技术与材料应用上都有很强的能力和智慧，建筑上更趋于宏大、豪迈和率真。

1. 巨型空间

古罗马建筑的空间形式是多样性的，与古希腊建筑的单一体裁形成了鲜明的对比，其中最为突出的就是巨型空间的创造。如大剧场、斗兽场和神庙等都是巨大尺度的建筑，而罗马万神庙的空间概念不再是封闭的盒子或圆筒子，成为前所未有的、具有一种令人视觉震撼的伟大空间（图2-2-5）。那么，构成这种巨大空间的机缘是罗马人对拱和券的新结构技术的应用，尽管这种技术并非是罗马人的发明，但是他们在工程技术上和理论科学方面优于其他民族。他们锲而不舍的精神是将别人的知识勇于付诸实践，同时也反映了罗马人的务实求真的精神，而这种能力又表现在了一系列的城市建设方面。可以确切地说，罗马人的成就远不只是本土的，更多地体现为对地中海文化乃至整个欧洲的影响。

图2-2-5 罗马万神庙室内图，乔瓦尼·鲍拉·帕尼尼（1691/1692—1765年）所作油画
屋顶中央的天窗象征着天上的太阳，同时还是排出中心祭坛烟雾的通道。

古罗马建筑这种强有力的空间尺度概念，并不是以适应人的尺度为基准的，与希腊建筑中杰出的人体尺度感的表现截然不同。事实上它体现了一种社会生活的主题，即寻求心理活动的丰富性、威严与权力的象征性以及喜爱宏伟壮丽的视觉效果等。因此，对于这种以直接实用为目的而并非是为了审美的建筑艺术，在某种意义上开辟了空间设计的新天地，从而使得建筑结构的创造性也得到了空前的发展，以至于对今天的建筑空间设计仍然有着深刻的影响。

2. 围合空间

空间的围合性意味着罗马人倾向于室内空间的开放效果并赋予其一个重要的地位。然而在希腊神庙中，室内不是礼拜的场所，而是诸神不容入侵的圣所。到了罗马神庙时期，室内空间开始注重于礼仪和人的参与，人作为空间中的主体在建筑中表现得非常明确。我们可以从罗马人在对待种族与宗教、阶级关系以及民主性的方面来看，要比希腊时期更为宽容，甚至在政府公务方面也允许平民参与等。这些事例表明了罗马人的胸襟和性格，因而在空间营造上充分体现了现实意义的室内空间和富有世俗性的建筑装饰。

由于罗马人采用了拱券技术使建筑由过去的梁柱空间变为了墙体围合的空间，内部空间由此变得丰富而宽敞，能够容纳更多的人参与。这一成就表明了罗马建筑注重技术性，同时也反映了建筑造型上由外向内的空间构思。例如，万神庙的室内就具有戏剧性的空间效果，在一个直径为43m的穹隆顶而高度也是43m的空间中，顶部开有一个直径8m的圆天窗，光线均匀地洒满了大厅。这种室内情景可能是每一个人在进入大厅之前无法想象得到的，就是在今天也仍然令人震撼（图2-2-6）。所以，这种空间围合的体量概念在造就了罗马建筑辉煌的同时也表达了一种权力与欲望交织的混合体，就如同今天的高层建筑，人类在不断地刷新高度的同时炫耀着财富与能力一样。

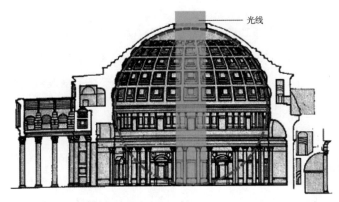
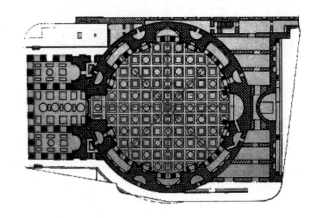

光线

图2-2-6　罗马万神庙剖立面与平面
平面与立面形成均衡的构图，空间极其稳定而静态。
（笔者绘制分析图示）

3. 静态空间

罗马人创造的建筑秩序是简单而明了的。尽管罗马建筑类型繁多，形式丰富，但是，我们仍能把它们归为简单的几何形体，如圆形、圆柱体、立方体、方锥体还有半圆穹隆顶等。无论是圆形还是方形的体块，其空间布局都有着共同的规律，就是对称性。在构思统一、结构大胆的布局中，罗马建筑的空间关系更为明朗而整体，尤其是在厚重的墙体分隔中空间越发显得独立而静态。正是由于这种对称的静态空间观使室内具备了一种明确的围合关系，其中的一切造型和装饰都在为增进这种空间关系而发挥作用。

空间静态性"基本上是不因有观者而在效果上会有任何变化的，沉静独立的存在"。[23]空间形象完整地展示在人们面前，和谐统一的室内空间不需要观者走动或改变什么就可以形成整体的空间感受。因此，无论是外观还是内部，往往简单的体量和空间使人的视觉更清晰和便于识别，并且会给建筑或空间增添几分纪念性和庄严感，而这种静态空间观在今天的设计中仍然有其现实的意义。

2.2.2.2　社会生活的空间

建筑物不是一个中看不中用的躯壳，而是包含了功能组织的全部内容在内的一个有机的容积体。一种为生活需要而设计的思想在古罗马建筑中表现得尤为突出，例如大量的世俗性建筑的出现就充分表明了罗马人对自我生存的关注要高于对神灵的崇拜。就此而言，罗马人为社会生活创造了各种集合性的场所和大规模的建筑形式，无论是剧场、公共浴场和广场等都体现了对群众集会和群众活动的一种热情与重视。这种世俗性的建筑可以看作是罗马人生活中一个重要的组成部分，因而罗马人坚信自己的生活方式是正确的，他们的建筑理想也正是反映了这种实用主义的生活观。

1. 社交的场所

罗马建筑的公共性或世俗性，更多地表现在对生活享乐的追求，其中浴场建筑似乎是当时最为精心建造的空间场所。其实，浴场起源于公元前2世纪，起初是人们的洁身需要，后来演变为"有闲阶级填充终日空虚的一种仪式性的惯例"。[24] 因而，罗马浴场以其规模巨大、设备完善、功能繁多为著称，形成了一个多用途的建筑群，其主要特点有以下三点。

（1）建筑结构先进。由于采用了混凝土拱顶墩柱技术，使功能布局适应于变化，空间组合丰富且层次分明，并且将"复杂多样的拱券体系构成了一个有机的整体"。[25]

（2）多功能的组合。浴场作为罗马人社交活动的重要场所，在功能的布局上表现出了极大的智慧，例如将图书馆、演讲室、健身房、游泳池和商店等融入到了浴场中，构成了一个综合性的城市场所，从而成为人们在社会生活中的活动中心。

（3）空间序列明确。在很多的公共建筑中，轴线对称是罗马建筑师遵从的一个惯例。一种对称式的布局决定了空间发展的方向，由此产生的一系列的空间序列关系，引导着人们的行为和意识，并生成了独立的建筑秩序（图2-2-7）。

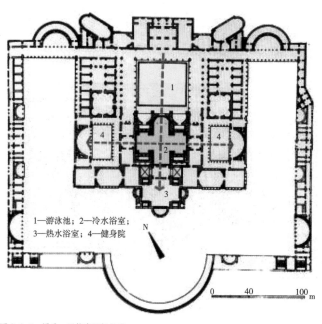

1—游泳池；2—冷水浴室；
3—热水浴室；4—健身院

图2-2-7　罗马，图拉真浴场平面
双轴线的关系使冷水浴室成为空间的中心（十字交汇的点）。
（笔者绘制分析图示）

2. 城市的客厅

罗马广场最初形成时是一种多功能的开放空间，拥有集会、法庭、市场和娱乐等性质的活动，可以认为罗马广场那种完整的围场形式体现了一种场所的秩序性，并可以容纳更为丰富的活动。罗马广场不仅是城市的中心，也是罗马人的一种空间情结，在某种意义上可以理解为是没有屋顶的城市客厅。这种概念直到今天的城市及建筑空间中仍成为开放活跃的设计元素，进而引申为室内共享空间的设计理论。

罗马广场创作的灵感最初来自于希腊，所不同的是，此时建筑物不再与周围环境相呼应，而关注其自身的统一。广场注重整体的空间布局和一系列几何形的组合，从而传递了一种人为规划的能力。例如，图拉真广场就是一种规整的几何形式布局，对称的轴线、多层纵深的空间关系和室内外空间交替等处理的方法，是有意地利用一系列空间序列而建立的一种城市空间的纪念物。这种极富现代特征的城市建筑体实际上显示了特定公共场所的政治性含义和对统治者的崇拜之忱（图2-2-8）。

3. 权贵意志的空间

住宅是构成城市框架的主体，也是人类最基本的生存空间。居住形式不仅体现了人们的生活习俗、喜好和秩序关系，而且还是室内空间意义的最具有说服力的一种表现。我们正是通过对古代人的居住分析，从而获得建筑学意义上的空间类比。

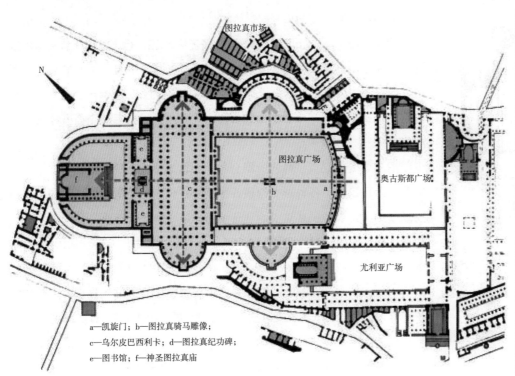

图拉真市场

N

图拉真广场

奥古斯都广场

尤利亚广场

a—凯旋门；b—图拉真骑马雕像；
c—乌尔皮巴西利卡；d—图拉真纪功碑；
e—图书馆；f—神圣图拉真庙

图 2-2-8　罗马图拉真广场

轴线在此起到了决定性作用，纵向轴线形成空间的序列关系，横向轴线构成空间对称关系。场地形式不受周围环境的约束，而强调自身的统一与完整。

（笔者绘制分析图示）

　　在古罗马时期，集居式的住宅是城市的一个缩影，也是城市中的病灶。因为大量的平民百姓在拥挤、嘈杂、昏暗而充满臭气的环境中生活，原本那些家庭神祇和虔敬的习俗此时都已丧失殆尽，住宅成了单纯的庇护所。造成这种状况的主要原因是帝国的扩张和剥削制度的肆意横生，因此一种权贵意志的空间及形式成为了发展的目标，致使我们看到的罗马公共建筑及环境的如此发达和充满活力。不过，从另一角度来看，也许这些正好抵消了市民居住生活中那种杂乱不堪和乏味，继而形成了一种空间关系上的互补。罗马人的生活乐趣是在公共空间与环境，而不是在个人空间中，因而今天的意大利人为什么仍保持着喜欢在户外或公共环境中活动的习惯，可能与历史有着内在的关联吧。

　　然而在建筑史中，人们总是宣扬那些优秀的建筑和那些为富人建造的房子或府邸。的确，这些建筑物凝聚了人类很多的智慧和高超的技艺，但其中也暗示着权贵意志对设计师的影响。不是吗，今天我们看到的那些经典建筑，无一例外的与权贵意志有关，表现的是富足和奢华，如当时罗马贵族们居住的小住宅就宽敞、明亮、卫生，而且配备有浴室和冲水厕所，到了冬天还有供暖设施等。虽然这些可以证明罗马人在民用建筑上的一个成就，但是不管怎样，那些有着优越环境和豪华的建筑都与广大百姓的生活无关，建筑师所炫耀的是富有的生活和浮夸的形式表现，多少缺少了一些为大众服务的意识。直到今天，建筑仍然有着权贵性的一面，这不得不让我们对建筑的意义产生了质疑。

2.2.2.3　材料与装饰

　　建筑的革命一定在于材料与技术先行，正如我们所看到的古罗马建筑的历史实际上是一部技术发展史，其中罗马混凝土就是一种革命性的建筑材料，在后来的历史中有很多现象都是源自于这个基本的发现。材料与技术改变了建筑，也创新了建筑，这是一个不争的事实。

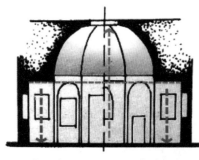

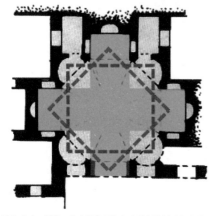

图 2-2-9 罗马，住宅带穹顶的八边形房间剖面与平面
穹顶使空间增高并形成尺度上的变化。
（笔者绘制分析图示）

1. 基于材料的创新

罗马混凝土（Roman concrete）既不是水泥，也不是现代意义上的混凝土，而是由一块块骨料在灰泥中混合搅拌而成，并且形成灰浆质量很高的、以自身的强度足以作为构筑性的材料。[26] 因此，混凝土的开发和利用使罗马建筑走向了革命性的关键一步，同时也是对以后整个西方建筑发展的一大贡献。

罗马混凝土促成了建筑的围合性，即以墙体受力的方式围合空间。同时混凝土可以用于各种形式的拱或拱顶来替代老式的木结构平顶和水平额枋或过梁，发展了拱或筒拱的建筑结构体系，从而使建筑空间形成了一种组合关系。例如，罗马混凝土材料能以多种形式成为围合空间的围护结构，以拱改变了传统希腊式的矩形开间，用一系列拱或拱形来构成大小不一的空间，使空间类型多样。而穹隆顶的出现使室内空间的尺度增大，与建筑的外形相统一，构成了罗马时期独特的建筑语汇（图 2-2-9）。拱券作为一种构造的逻辑被看作是视觉语言的一部分，成为建筑构图中的视觉要素予以充分的表现，这对于后来的西方建筑发展有着深远的影响。

2. 字帖式的装饰

由于墙体成为了支撑结构，柱子在结构中根本不起作用，因而希腊的柱式仅作为一种建筑物正面的装饰品像"字帖"式的嵌在了墙体上，即"附墙柱"或"半附墙柱"，[27] 这种做法在当时的罗马算是一种创新（图 2-2-10）。另外，柱式和古典的图式在不作为结构上的构件的同时，也难以适应罗马建筑的整体尺度的变化，因此，从结构的意义上拱券套在装饰性柱式的开间里，是一个非常理想的做法，并以此成为了罗马建筑风格形式的标志。

图 2-2-10 罗马大角斗场
首层多立克柱式，二层爱奥尼克柱式，三层科林斯柱式。

罗马人是一个求真务实的民族，也是善于吸收外来文化和艺术，在建筑形制和风格上反映了一些外来的影响。但是，从建筑实践和整体发展来看，他们在吸纳其他建筑形式和风格的同时，也在克服简单的抄袭和模仿，其中重要的一点在于操作方法和材料方面有着自我的创新。比如，在建筑装饰中，柱子上使用了巨大的肖像装饰和室内装饰丰富的半圆壁龛以及地面铺设的华美的尼罗河马赛克等。这种把常见的古典元素分离、重组的做法似乎有点像"巴洛克"式的不屈从于传统和权威，这也是罗马与希腊结成一体，成为西方古典文化经典的根本所在。

从另一方面，罗马建筑装饰中的政治性主题，其内容和象征意义就像设计传达的那样赋有罗马特色，例如艺术形式是直接借鉴希腊的，雕刻者也是来自于希腊，但是内容却反映了罗马的现实。艺术作为政治和权力的一种表现工具显示了它附庸的一面，像奥古斯都的宫廷中就有当时最伟大的作家、建筑师和艺术家侍奉。图拉真广场中的图拉真纪功碑（公元112年建）就是一个很好的例证（图2-2-11）。

3. 表皮性的界面

今天我们所谈及的建筑表皮性的话题，实际上在古罗马时期就已经出现，而对建筑表面的处理，历来都受到人们的重视。早在奥古斯都时期就把砖作为首选的构造性饰面材料得到迅速传播，其中有一种狭长的瓦状面砖就是混凝土极好的装饰面层。除此之外，大理石、马赛克和抹灰工艺都成为了建筑面层的装饰，其工艺性和拼贴方式多样丰富。例如有毛石乱砌法、网状图案拼贴（凝灰岩小方块或砖），还有错缝面砖拼贴和网眼砌法等（图2-2-12）。这些对于今天来说是极为普通的工艺和做法，但是不要忘记，是罗马人开创了材料审美与工艺技术的完美结合，这无可置疑的是一种建筑的创新。这些工艺和做法对后来的建筑装饰影响深远，对此我们能够感受到罗马建筑的技术性不仅是构造和结构的，而且还是审美的，是将材料以多种形式来表现美的最好示范。

图2-2-11 罗马，图拉真纪功碑
碑体上记载了英雄的功绩，因而摆脱了希腊式的趣味而成为了一种政治性的象征意义。

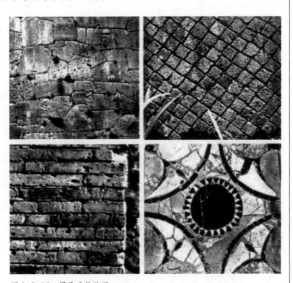

图2-2-12 罗马建筑贴面
这些工艺做法今天仍在使用，不过这些面砖、碎拼大理石等施工技术在古罗马时期就已经非常成熟，而且还具有极高的审美技巧。

2.2.3 欧洲中世纪的教义空间

整个欧洲中世纪可以说是被宗教笼罩的时代，前后经历了一千年左右的历史，用恩格斯的话说："中世纪是从粗野的原始状态发展而来的。它把古代文明、古代哲学、政治和法律一扫而光，以便一切都从头做起。"[28] 因而，一种强势的宗教意识，大约在欧洲进入封建社会的初期，便成为当时的主要意识形态和上层建筑，这就是基督教。正是这种宗教运动试图从罗马帝国的废墟中建立一种新的结构，即"天堂城市"。故此，基督徒们首先要寻求一个适合基督教的聚会方式和祈祷的场所，自然就从古希腊和古罗马建筑语汇中来选择自己圣殿的形式，建筑便成为了基督教语意表达的最有力的形式之一。

2.2.3.1 聚集的空间

基督教徒们并不想为上帝建一座像古希腊那样的神庙，它甚至根本就不是上帝的住所，而是人们聚集祷告的场所。所以，场所必须满足更多人们的参与，同时要为"讲求精神内省和仁爱的宗教需要一个为人而设的环境"。[29]那么，对旧建筑形制和功能上的改革就变为了一场革命。

1.线性的空间

基督教堂的空间意向首先来源于教义，按教义规定教堂圣坛必须在东端，教堂入口一律在西端，形成西立面为教堂主立面的趋势。虽然教堂吸纳了古罗马巴西利卡式的空间形式以满足信徒们的集聚祷告，但是在空间塑造上又不同于古罗马，有其自己的特征，主要有以下几点：

（1）空间布局，纵向比横向长得多，信徒们的祷告大厅作为主厅呈长条形空间，圣坛、祭坛在建筑的东端并有一个十字交叉式的横向厅，形成拉丁十字的平面（图2-2-13）。

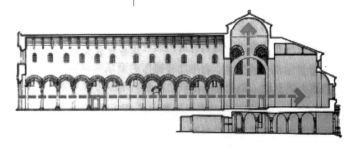
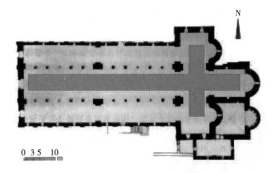

图2-2-13 杰拉切，阿桑塔大教堂剖立面、平面

拉丁十字式的构图不仅在平面中体现，而且在立面中也反映了线性的关系。如剖面图：蓝轴线表示行进的路线，红轴线表示向上升天的路线。

（笔者绘制分析图示）

（2）双塔式西立面被确立为教堂形式的标准。塔楼通常为封闭的立方体（也有圆形、长方形、六边形和八边形的例子），大多数作为钟楼使用。有时人们认为它可以理解为是瞭望塔或者是城市火警监护塔，甚至还具有标志物性质或纪念物之意义（图2-2-14）。

（3）教堂的线性空间是按人流活动的方向组织空间的，即空间概念以服从一个动态的准则，一种行进式的流线。这种空间是以一条纵向轴线为基准，具有简明、动势和适用的特征，不同于古罗马建筑中的双向对称式的空间序列和层次划分，它完全符合场所的特性和要求。

（4）教堂巴西利卡式大厅立面是重要的部分，中部高大，分为三层：连拱廊、中部区域和窗层（高侧窗）；两侧的侧厅更像是带券洞的走廊，也叫拱廊。这个只有两层高的拱廊拼贴式地与主大厅组合，构成了二者之间尺度上的对比，并给人一种宗教的神圣感（图2-2-15）。

图2-2-14 德国，沃尔姆斯大教堂西立面
（约1016年）
垂直向上的趋势是建筑的主要特征，而双塔醒目地矗立在上方更具有一种标志的意义。

图2-2-15 法国，夏特尔教堂
高耸的教堂在彩色光晕之中，更显其神圣无比。

2. 扩展的空间

拜占庭时期的穹顶是以四根独立柱或更多的柱子为基础，结合集中式的形制关系而构成的一种结构方式，其最大的优点是摆脱了罗马式的承重墙结构关系，使空间获得了向外延伸的可能。到后来这种称之为帆拱的结构形式在欧洲得到了广泛的流行并影响之深远（图 2-2-16）。

人们从拜占庭建筑杰出的代表圣索菲亚大教堂可以感受到内部空间的延展与复合为室内环境带来了活跃的冲力，空间不再是罗马万神庙的那种静态的和封闭式的效果，明显有向四周扩延的离心倾向。主大厅空间与四周大小不一的空间构成了内圈与外圈的时间要素，观者在走动过程中，充分感受到了室内景致的变化和时间性。室内空间的关系不同于万神庙那种无需走动便一览无余的简单空间，此时的空间在使用上也大大超出了墙与屋顶的围合。建筑空间已不是一个简单的围合关系，向着开敞、流动和灵透方面发展（图 2-2-17），这也预示着空间不仅是仪式性的，也是可使用的，它更适合于人们需要而存在。

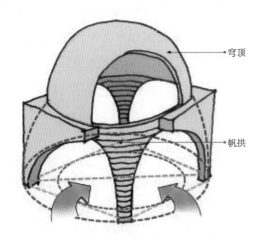

图 2-2-16 帆拱示意图

穹顶

帆拱

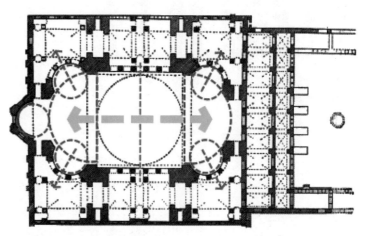

图 2-2-17 土耳其，圣索菲亚大教堂平面
圆形从中心点向两边扩延打破了罗马式的向心性和均质空间。多种圆形构成了空间的多中心点，使人的行为与视点变得移动和不安定。
（笔者绘制分析图示）

2.2.3.2 图解的空间

哥特建筑的精神是以宗教为源泉并传达教义。教堂被当作天堂和一种人世间的幻象，其大量的形式符号被作为一种图解式的要素，如束柱、图案、彩绘玻璃窗等被安排在教堂中，以强调神圣意义的表达和说教。哥特建筑的形式不单是从结构或空间的角度考虑的，而是从宗教思想的表述来获得普遍适用的意义。

1. 垂直向度的表述

哥特建筑的空间语意在于一种垂直向度的发展，其结构与空间的完美结合已达到了最理想的境界。空间性不是时间的，而是视觉的，是通过逻辑清晰呈直线的结构形式来表述一种强有力的向上动势，并传达着信徒们与上帝联系的一种祈盼和对理想的坚定信念。因此，室内的那些柱子和束柱形成勾勒的竖向线条呈统治的地位，也仿佛整个结构是从地下长出来的，它们像是网状的形体，也像是热带雨林中高高的植物在攀岩生长，给人一种极度的精神震撼力（图 2-2-18）。

图 2-2-18 法国，波未教堂中厅
教堂对高度和光线的追求，令整个欧洲都争相模仿，成为法国哥特盛期的扛鼎之作。

图 2-2-19 经典法国哥特风格相等韵律
立面三段式的构图体现了数学的一些要素及几何形的构成原则。

尖拱和拱肋在垂直语汇中不仅反映结构的关系，更体现形式表现的特征，比如室内"壁柱的竖向造型和拱肋的轮廓是一种标尺"。[30]室内几乎没有了墙体，平整的界面被筋骨嶙峋的束柱所代替，呈现了充满力量的线脚。这些精神的符号又和结构的条理井然及严谨的荷载传导关系构成了空间的幻象。然而，这种轻巧的结构体系表明了人们在空间布局上的数学与几何学的特质以及一种科学的理性态度，使空间达到空灵、冷峻和幽秘的同时，也体现了形态造型的一种精神层面的表述，并以物质形态的方式展示、想象和一种教义的导引（图 2-2-19）。

这种垂直向度的关系不仅表现在结构构件中，还表现在窗户形式上，那些尖拱式瘦长形的窗子同样表达了垂直线性的语意。不仅如此，空间性更是达到了令人惊叹的高度，室内大厅的高度一般都超过了 30m，空间窄而高，增添了强烈的升腾动势，令人望而生畏，虔诚无比。诚然，哥特式建筑高耸的原动力毫无疑问地来自于宗教，但也说明了西方人对建筑的高度始终抱有的兴趣，并向着更高的方向发展到了今天，与中国建筑一贯横向发展、依附于大地自然的思想大相径庭。

2. 彩绘的窗格

窗子是建筑的眼睛，也是室内空间的气眼，正所谓"凿户牖以为室"道出了建筑的真谛。然而在哥特时期的教堂中，窗户已经成为了墙体的化身，建筑几乎没有了实墙面，一种极具通透的建筑效果更像是镂空雕刻的宝器，显得无比的精致而光彩夺目。这些窗户是以狭长、繁复的窗棂和五彩缤纷的玻璃构成，它既担负着室内采光，又承担着教义的传达，是具有可读性的图示语言。因为窗户上的彩绘玻璃大量传送着圣经故事，是作为不识字的信徒们的圣经，所以大而高的侧窗布满了整片墙面，透过光线的照射有着一种非常动人的视觉效果，同时使室内产生了一种叙事性的情节空间，宗教氛围被演绎得非常生动、浓郁并带有几分浪漫的情怀（图 2-2-20、图 2-2-21）。

图 2-2-20 圣母领报 12 世纪中期彩色玻璃窗
空间成为宗教传递的信息场所，彩色玻璃画在此起着重要的作用。

图 2-2-21 巴黎科隆大教堂（1248 年）

实体墙被不断地减少，甚至被玻璃取代，这在今天是随处可见的，但是在哥特时代的建筑工匠们就有将建筑变轻，变透，变巧的强烈意识。他们经过不懈地努力和创新，使建筑立面中的石质竖框非常精细，与彩色玻璃浑然一体，构成了精美的图案效果，这无不让我们感到惊叹和敬佩。我们也能够从哥特教堂立面及窗户上的那些精致无比的装饰中读出当时人们对建筑的敬仰和一种意志的表现力，从中感受到建筑是一种建造的艺术，其中工艺和材质是表达意志不可或缺的要素，这对于我们今天来说仍是一种鞭策和鼓舞。

3. 装饰的意味

宗教建筑作为当时城市的纪念物，绝非不受奢华的影响，特别是在 13 世纪以后的教堂建筑，无论是外观还是室内都充满了装饰，如玫瑰窗的花饰、镶有复杂装饰边框的壁画、雕像以及高浮雕饰和无数的线脚等造型。这些赋予了教义的装饰艺术一方面炫耀工匠们的精湛技艺和城市的富足，另一方面体现了当时人们的志趣和品位。这些并非是来自于建筑的传统的装饰，诸如原本为手工艺的金属工艺制品、彩色玻璃工艺以及富有情节性的雕像等被融入到了建筑中，被看作是对封建时代的一种表述。哥特艺术在某种程度上反映了人性的世俗与宗教相混的现实性，为人们留下生动感人的画面的同时也起到了一定的教化作用（图 2-2-22）。

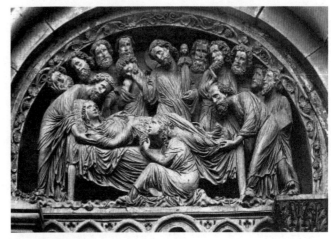

图 2-2-22 圣母安息
生动的情节又不失对称的构图，稳定而有向心性。

2.2.3.3 光辉的空间

光线作为哥特式教堂非物质化倾向最有力的代表，它也是界定哥特空间最有效的方法之一。这种透过彩色玻璃窗的光线与罗马时期的用光有着很大的不同。首先，罗马神庙注重顶部来光，光线呈漫射状，室内光线均匀柔和，光与影的效果明确而清晰；哥特教堂则主要为侧射光，光线通过半透明高彩度玻璃的过滤呈漫折射，室内光线明显变弱且带有几分幻影效果。其次，哥特教堂被认为是基督教世界影像的折射，室内光与色的混合便构成了教堂的特有秩序，从而将精神世界的灵魂与现实和谐统一，形成了"无法言表的甜美悦耳的变调为上帝唱着永恒的赞歌"。[31] 这种对光的表述并非是生硬的，有着抒情的赞美和心灵的启示。再有，哥特教堂的纤细与通透使光线能够更多地进入室内，对建筑的外观也带来了新的视觉效果，试想到了夜晚教堂里的灯火穿越了彩色玻璃之后为城市带来的是一道绚丽多彩的视觉夜景，如此生动而令人神往。从这一点说明哥特建筑既注重室内光环境的营造，又表现于城市景观效果。

2.2.4 古典的再生与戏谑的空间

文艺复兴时代是一个有其开始也有其结束的时代，是"人类从来没有经历过的最伟大的、进步的变革"。[32] 同时也是以资本主义的萌芽为先决条件，以反封建、反教会的斗争为主要内容，以人文主义精神为主旨，肯定人生，焕发对现实生活的热情，以及宣扬个人才能和自我奋斗精神等，可以说是从中世纪的文化向近代文化过渡的时期。不过，在这场史无前例的文艺复兴运动中，建筑有意识的一系列革新活动并非是原创性的，换言之，是在古罗马废墟上寻求一种再生。确切地说，是对过去一千年中的古典语言及风格的复苏或重塑，并且"在相当程度上是他们自己的历史想象力的一个虚构"。[33]

15 ~ 16 世纪应该是意大利文艺复兴建筑蓬勃发展的时期，其建筑的成就占据了主导地位，使其他各国都从风而偃。到了 16 世纪下半叶，意大利文艺复兴运动渐趋衰落，人们开始认识到，那些严格与理性地处理建筑构成的方法显得有些机械繁琐和狭隘，继而一种抛弃古风，置身于破除一切现有条件和习俗的艺术开始萌动而起，这就是被人们称之为的"巴洛克"艺术。可以认为 17 ~ 18 世纪是一个开放和动态的巴洛克时代，人们不再信仰旧秩序和旧风格，把目光再一次地投向了前方。

2.2.4.1　大师们的思想

建筑艺术的向前发展，始终是那些勇于探索与革新的人们，是他们个人才能得到了充分发挥，才使得一些新思想、新文化应运而生。意大利文艺复兴运动的开始，标志着一个英雄时代的到来，也正是他们推动了人类文化的整体进程，并为以后几个世纪的建筑发展开辟了广阔的道路。

1. 伯鲁乃列斯基

伯鲁乃列斯基（Fillippo Brunelleschi, 1377—1466 年）是意大利文艺复兴建筑的奠基人，其最为重要的是将古代与当代的工程技术与美学原则进行了独一无二的综合（佛罗伦萨主教堂圆顶的建造）。同时，伯鲁乃列斯基对古典比例与装饰的数学规则曾做过深入的研究，并且很好地应用到了建筑实践中。在他的建筑作品中不难发现，这些古典原型的回归不是机械的，也不是成为一种限制的因素，是更为积极的、富有创新的大胆实践。

以伯鲁乃列斯基设计的巴齐小礼拜堂（1430 年）为例，进一步分析他富有特色的建筑语汇及一种创作精神。这是一座几乎和任何古典神庙均不同的建筑，无论是建筑外观还是室内，都力求轻快和简雅，其平面借鉴了拜占庭的集中式布局，空间关系明确而清晰（图 2-2-23）。在这座小建筑中，建筑立面尽显其轻盈和单纯，而且廊柱直接与地面相接，

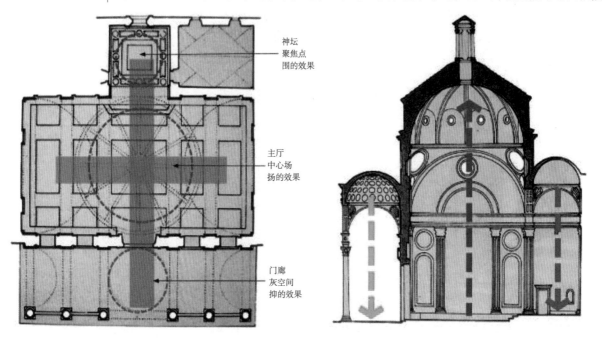

图 2-2-23　巴齐小礼拜堂平面、剖立面

从门廊到拱形厅，再到祭坛，空间中抑与扬的关系明确，且充分体现了空间尺度及比例的控制与把握。

（笔者绘制分析图示）

一改过去厚实的台阶做法，这使得建筑有了一种亲切的环境氛围（图2-2-24）。用布鲁诺·赛维的话说：建筑师不再被宗教狂热所征服，继而寻求一种不带神秘色彩的合理和人性的表现方法，因而人们从中体验到了像住宅一样无拘束的气氛。[34] 正因为如此，室内空间也简化了许多，虽然采用了古典对称的关系与构图，但是在那些罗马样式的构图中，我们能够明显感受到构件趋于平面和图案化，并没有立体光影效果，它们仅作为空间对称要素及比例的一种形式语言（图2-2-25），而建筑风格的发展更趋向于对古典品质的把握和技巧的娴熟应用。

图2-2-24 巴齐小礼拜堂外观
朴素而谦和的外观与环境融为一体。解除了以往教堂所具有的象征意义。

图2-2-25 巴齐小礼拜堂室内
图案般的构图使室内效果既有视觉的秩序感，又具有简朴的风尚。

2. 阿尔伯蒂

阿尔伯蒂（Leon Battista Alberti，1404—1472年）作为文艺复兴时期的知识分子建筑师，注重对建筑理论的研究。他在借鉴古人著作的基础上，探寻着建筑设计的新理论，因此他的"建筑可以被看作是他的理论的三维空间形式的说明"。[35] 我们从他的建筑作品中能够深深感受到一种创新的冲动和开拓的精神，这与他本人和他的论著一样对后世影响深远。

圣安德烈亚教堂是阿尔伯蒂大约于1470年设计的，这是一件更具影响力的作品，其中最重要的是在建筑立面上把一个神庙正立面与罗马凯旋门的有机组合。建筑的对称性和中心入口的虚空处理打破了教堂的范式，并具有立面拼图的意味，尤其是中心拱门在建筑整体尺度中呈主导性的作用，与周围环境形成了鲜明的对比。这种做法在当时是非常大胆和具有突破性的，为建筑立面带来了全新的视觉效果（图2-2-26）。然而，其建筑平面则沿用了拉丁十字式，室内效果却拘泥于罗马式的风格，给人以英雄主义式的视觉空间。阿尔伯蒂的另一个建筑作品，新圣玛利亚教堂的建筑立面同样大胆独创，特别是立面装饰与侧廊的卷涡样

图2-2-26 曼图亚，圣安德烈亚教堂正立面
立面中的壁柱更像是一种符号贴在了立面上，起决定性作用的是这个大虚的拱门，在环境中强调了自我而令人回味。

式更富有一种戏剧性的舞台效果和剪纸般的平面感。也正是这件作品直接影响了巴洛克建筑的风格，其中的卷涡样式成为样板被后来的建筑所套用（图 2-2-27、图 2-2-28）。

图 2-2-27　阿尔伯蒂设计，新圣玛利亚教堂，正立面
以改古典建筑立面雕塑般的光影效果，使其趋于平面化，这着实是一种突破性的表现。

图 2-2-28　波尔塔设计，罗马耶稣会教堂，正立面
建筑立面两侧的卷涡和构图比例与新圣玛利亚教堂有着相似之处。

3. 伯拉孟特

伯拉孟特（Donato Bramante，1444—1514 年）的建筑思想有着一种罗马建筑的宏伟和刚健的情结，他甚至打算把古罗马圆形大剧场与罗马万神庙的效果结合在一起，试图创造一种前无古人的恢宏大业。他的气魄与胆识以及智慧都体现为一种优雅的阳刚之美。就连他的小小的坦比哀多建筑中都能感受到力量与英武之势，这正如帕拉第奥所称赞的"伯拉孟特是将自古以来久被尘封的建筑的优雅与美丽带给这个世界的第一人"。[36]在伯拉孟特的另一件建筑作品中还能体会什么是创新的魄力和智慧的表现，这就是梵蒂冈宫的改建工程。让人们至今都感到赞叹不已的是这个建筑立面的巨大的龛，可以说是当时绝无仅有的创造。一种蒙太奇式的电影效果出现在建筑外观中，像一个剖切的室内景象的外翻，让人有一种时间上的错觉，神奇而富有想象（图 2-2-29）。

图 2-2-29　梵蒂冈官大台阶院北端建筑
一个巨大的龛具有开敞空间的意味，给人强烈的视觉感染力。

4. 米开朗琪罗

16 世纪 20 年代初期，一种称之为"手法主义"的建筑风格开始出现，很快将文艺复兴引入了一个新的阶段。因而，深思熟虑地嘲弄古典清规戒律的作为便在米开朗琪罗（Michelangelo Buonarroti，1475—1564 年）的设计中呈现，并且成为手法主义建筑风格的代表人物之一。所谓手法主义实质上是一种美学现象，其基本特征就是复杂而多样，体现了艺术家的技巧和鉴赏力，同时用形式语言来表达自我的设计主张。米开朗琪罗正是以雕塑家的视角和能力，对古典美学观发起了挑战，即撇开了对比例的偏执，继而开拓了尺度与空间的新观念。

米开朗琪罗在建筑上的成就在于装饰风格的大胆表现，不严格遵守建筑结构的逻辑关系，以自我的意识来表达设计，其主要表现为对比例、柱式和法则以及装饰构件的处理上的自由性。例如，将建筑外立面的处理方法移到室内，对壁柱、龛、山花、线脚等进行了独特的构成与设计，其室内效果优雅而精细，形体赋有雕塑般的变化，且充满着强烈的光影效果和一种视觉上的紧张感（图2-2-30）。"巨柱式"又是米开朗琪罗的一个创举，即将柱子提升到两层或多层的高度，甚至有时与建筑立面等高，这种设计思想后来被帕拉第奥等建筑师广泛采用。

5. 帕拉第奥

帕拉第奥（Andrea Palladio，1508—1580年）是一个严格的古典主义者，他虽然受到过米开朗琪罗的影响，但是其建筑思想主要来自于维特鲁威的原则，他的作品基本上反映了古典比例与和谐的数学理论。帕拉第奥作品的重要意义是把古典的精确性

图2-2-30　劳伦齐阿纳图书馆，前厅墙面
构图满而不堵，在于比例的控制和造型技巧的娴熟。

和集中式平面应用到了世俗建筑中，并且视其为比宗教建筑更为重要，因此，他设计的维琴察圆厅别墅便运用了大量的古典元素并表现为像神庙一样的居住建筑（图2-2-31）。尽管圆厅别墅构图严谨，比例和谐，但仍使人感觉到有一种孤傲与冷漠，缺少了居住建筑应有的亲切、自由的生活特征，同时也反映出当时权贵建筑的一种性格。

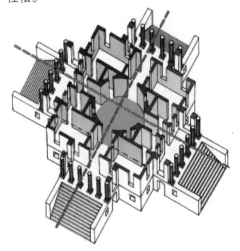

图2-2-31　维琴察圆厅别墅轴测、外观
将罗马的圆厅与希腊神庙的外立面结合，并形成均质性空间构图，体现了古典建筑的要素及品质。
（笔者绘制分析图示）

然而，帕拉第奥对比例的理论颇有建树，虽然是建立在维特鲁威理论基础上的，但是对把握空间比例和空间序列中房间比例的关系上有着独到的认识，并提出了最优美、最合乎比例的七种房间尺度（图2-2-32）。除此之外，被人们熟知的"帕拉第奥母题"也是其

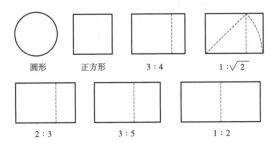

圆形　　正方形　　3:4　　1:√2

2:3　　3:5　　1:2　　图2-2-32　帕拉第奥的七种房间尺度

深入研究建筑比例的结果。所谓"帕拉第奥母题",即"一个中央拱形窗并在其两侧各开一个平顶窗"。[37]这种构图方法后来成为了古典建筑构图的一个显要特征之一。

2.2.4.2　戏谑的空间

以米开朗琪罗的手法主义为开端,一种新的思想开始向古风、旧秩序和一切现有的习俗及艺术挑战。正如我们看到的,1541 年,哥白尼的"日心说"使宗教信仰出现了一道恐惧的裂痕,致使人们开始怀疑现实中发现的事物,也正像笛卡尔总结的那样,怀疑是一种思想,这种思想代表唯一的必然性,即"必然遵循一点,那就是,我是存在的……"。[38]艺术作为意识形态的上层建筑开始出现了艺术与科学统一性的分裂,艺术家不再同时是哲学家和科学家,艺术仅仅就是艺术而已。

17 世纪是一个开放和动态的年代,从某种意义上讲,具有无限扩展和无限的潜力,而"这种无限的潜力能够赞美为存在的无限作用"。[39]事实证明,巴洛克思想的到来,将原本静态和封闭的世界改变为开放和动态的时代,巴洛克艺术也正是这种思想的具体代表。"艺术专注于生动的图像,包括现实和超现实的图像,而非专注于'历史'与绝对形式。"[40]这对巴洛克艺术而言是一种奉行的原则,在建筑中则体现为以下几个方面。

1. 动态的空间

巴洛克空间的动态性实际上是指某种建筑构图或空间意图的概念。空间的动感是通过空间中的片墙壁呈波状起伏弯曲,并以线条的装饰性和图形的紧张感使空间在流动中得到表现(图 2-2-33)。巴洛克建筑的平面以椭圆形代替了圆形,椭圆形便成了巴洛克的经典形状,而希腊十字的平面向纵向拉长,形成非中心化的平面关系也是巴洛克的基本图形(图 2-2-34、图 2-2-35)。这些平面的结构关系是对文艺复兴空间静态关系的一种破坏,以流动、对比和开放的空间方式回应于传统的封闭和静态,这实质上反映了当时人们普遍骚动的心理和怀疑的态度。

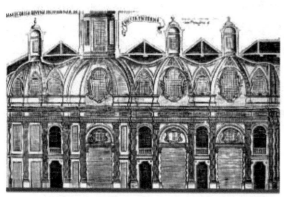

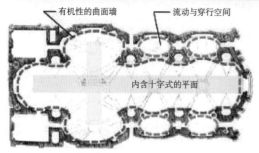

图 2-2-33　圣玛丽亚神意教堂剖面、平面
剖面和平面中的曲线体现了动态要素,同时将自然的有机形态融入到了建筑之中。
(分析曲线及文字为笔者绘制)

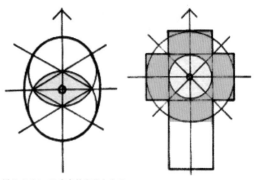

图 2-2-34　巴洛克教堂基本类型
拉长的中心化平面和中心化的纵向平面。
(分析色块为笔者绘制)

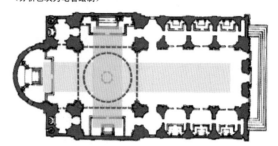

图 2-2-35　罗马耶稣教堂平面
虚线为穹顶部分,构成空间的中心并内含希腊十字式拉长的构图。
(笔者绘制分析图示)

2. 暧昧的空间

传统的纵向与中心化平面转变为中心与伸展的合成形式是巴洛克建筑的主要特征，其空间虽采用集中式的布局，尺度偏小，但是对空间的理解则体现为造型成分之间的一种抽象组合。空间作为建筑的构成元素，是有形的事物，能够被造型和引导。巴洛克建筑空间的规模虽说不大，但空间布局极为复杂和暧昧，常常用曲线、曲面、形状怪异的凹室以及有机形态特征的空间造型等。空间脱离了理性和正统的轨迹，成为创造性的精神状态，这一点可以通过波罗米尼（Francesco Boromini，1599—1667 年）的圣卡罗教堂得到印证（图 2-2-36）。

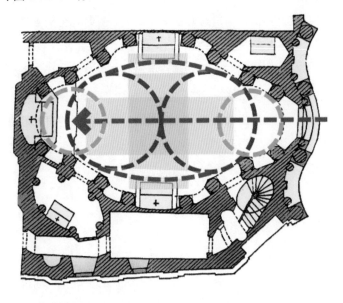

图 2-2-36　圣卡罗教堂平面、外观
平面中包含了多个圆形及希腊十字式的构图，空间构成元素极为复杂，如四周形状怪异的小凹间和曲面的墙面造型等。
（笔者绘制分析图示）

3. 戏谑的空间

巴洛克空间无疑具有戏剧性和一种幻觉的创造。空间形式的新异在于节奏不规则的跳动、突出垂直的划分和追求体积感与光影的变化。一种戏谑式的表现让人感到莫名的出奇而不可思议，其中科林斯柱式的丰富性被作为一个起点，代表着灵魂的真挚，在教堂中构成象征的形式并通过戏法式的编排，与绘画、雕刻及富有情感的线脚等形态的组合，创造了一种艺术的、浮夸的戏剧性效果。因此，柱式的编排是一种简单的加法过程，放弃了古典的正统和哥特式的格律学原则，成为可连续的，不能被分解的独立元素（图 2-2-37）。

图 2-2-37　罗马，拉泰拉诺的圣乔万尼教堂室内
巨柱式在空间构图中形成了控制线，起到了空间划分的作用，并具有单元构图独立表演的意味。

从上述的这些特征来看，巴洛克建筑无疑表现出了一种建筑的反叛精神，从而西方正统的古典语言和传统精神被戏谑性的嘲讽和玩弄。这看似是一种漫不经心，随心所欲，其实，恰恰反映了当时人们思想上的迷茫和不知所措，其中重要的原因是时代正处在封建制度面临解体和资本主义萌生发展的交替时期。同时，科学、哲学、政治、经济以及人文社会也出现了大的变革，西方的启蒙运动促使人们的民主意识与日俱增，在思想上形成了前所未有的骚动。诸如"这一时期的绘画和雕塑，包含着感知的、叛逆的、放纵的、反古典的、反机械的因素，……"[41]各种矛盾的汇集，致使建筑也受到了很大的冲击。因此，我们可以感受到巴洛克建筑形式的发展包含着一种模糊和矛盾，在一个复杂的文化转变中，显示了无畏的斗志，从而注定为20世纪现代主义建筑运动的到来铺垫好了道路。

2.3　现代主义建筑空间

　　西方建筑的发展历来有着明显的阶段划分，虽然没有断然的界限，但是建筑的进程总是以一种生物进化式的方式递进变化着。然而，情况未必都是如此，它有时也会受到某种机制的催化和作用，就如同化学反应那样，变得骚动不安，令人振奋激动。因此，19世纪下半叶到20世纪30年代左右的建筑发展就是建筑史上极富特色而几近发狂的年代，今天所认识的现代建筑就是指摆脱了古典主义和文艺复兴建筑束缚后的整个建筑发展的阶段。现代主义建筑就是现代建筑的先行者，并非是相同的概念。或者说，当今多元的建筑思想及方法一定是在现代主义建筑观的基础之上发展而来的，所以，研究现代建筑空间的发展必须从现代主义建筑开始，对此应该有一个清醒的概念。

2.3.1　现代主义建筑思想产生的三个因素

　　（1）英国的工业革命是现代主义建筑发展的原动力，特别是以蒸汽能源为中心的产业革命，直接推动了城市规划与建筑的变革。一种社会的需要成为了时代的主旋律，建筑不再追求以往的宏伟和纪念性，继而转向更为重大的社会主题，即城市人口的居住问题、建筑技术的创新、对传统符号的质疑以及建筑应该服务于大众等，正是这种背景促使现代建筑向着革命的方向奋进。

　　（2）18世纪的启蒙运动是催生现代主义建筑思想产生的又一动力。民主与自由是当时的一些建筑家积极倡导的，认为建筑形式应该代表于时代，是社会、文化、经济的集中体现，不应该纠缠于古风和权贵意志的建筑观。关注新材料、新技术方法和社会需求比古典的风格演绎更赋有现实意义，因而建筑倾向于创造崭新的空间，人们的审美立场也应科学技术的不断发明和进步而随之发生了改变。尽管19世纪末和20世纪初的"工艺美术运动"和"新艺术运动"企图以传统的手工艺来抵抗工业机器化的进步，不过，今天看来这些都只不过是一种自然主义的倾向和对工业化反感所作出的一种反应，它更是一种装饰性图示及符号的表现，并没有改变历史的整体进程和发展。

　　（3）现代主义建筑与现代艺术是不可分离的一个整体，如果不了解现代艺术就不能真正理解现代主义建筑。法国的立体主义、意大利的未来主义和俄国的构成主义是现代艺术的核心部分，也是现代主义建筑风格形成的重要成因（图2-3-1）。现代艺术的一些新观念自然地在新建筑中得到响应，也正像未来主义者试图成为背叛一切事物的先导那样，现代主义建筑即成为了建筑领域里的先锋性事物。

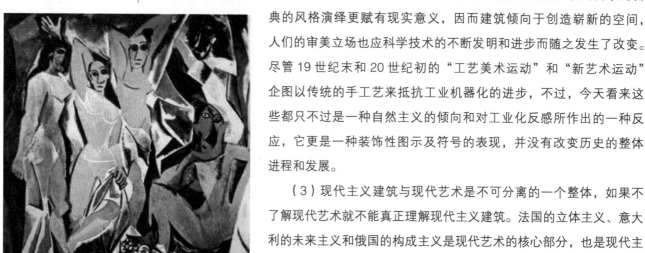

图2-3-1　毕加索，亚威农的少女们，1907年创作
立体主义并非是抽象主义，是绘画把形体表现为一个复合图像（一种围绕对象的运动），这种汇聚了各个侧面的形象具有了时间的概念。

2.3.2　回到建筑本原

从室内空间的观点来看，19世纪之前的建筑空间虽说有甚多的变化，但基本上是以二维的装饰方法，表现于纪念性或叙事式的空间。其实，人们一直在利用着空间并非在创造空间，如同古典绘画一样，其情节性的描绘服务于宗教和社会，并没有真正触及绘画形式的本身。建筑也是如此，没有回到本原，即空间的形式。直到印象派绘画的出现，绘画才开始走向了一条探究其自身语言及形式的道路，不再成为某种利益的工具，建筑因此搭上了艺术变革的末班车。

2.3.2.1　结构的美学

建筑的发展一定是技术先行的，新科学技术的成熟必然是建筑变革的先决条件，其中包括工程理论、结构力学以及材料技术等都为新建筑的形成提供了可靠的技术支持。钢铁与钢筋混凝土新结构技术的发明及应用，预示着建筑空间的真正开放与自由时代的到来。一种以自由平面布局为基础的建筑空间成为了时代的象征，也由此实现了哥特式空间的某些梦想。大窗户、连续的窗和整面墙作为玻璃，以及室内与室外达到互为贯通的空间和自由划分的效果等，都成为了现实。

钢筋混凝土技术的迅猛发展，促使建筑高度集中于规范设计的准则，这使得建筑趋于理性，认为"建筑形式不仅需要理性来证明是正当的，而且只有当它们是从科学推导出其法则时，才能证明是有理的"。[42]并且，认为现代建筑应该反映直接的、诚实的美学态度，反对一切虚掩和装饰。建筑中的梁、板、柱应该成为最真实的美学概念（图2-3-2），表现建筑的结构性并剔除多余的装饰是一种崭新的审美追求和愿望。阿道夫·路斯在他的《装饰与罪恶》一文中就明确表示："既然装饰不再是我们文明的有机整体，它已不再是这种文明的正确表达。今天设计的装饰与我们自己无关，与整

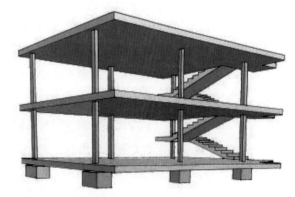

图2-3-2　柯布西耶，"骨牌"构架
以钢筋混凝土架构为基础，排列与复制类似骨牌排列方式连续发展。

个人类无关，也与宇宙秩序无关。它是落伍的、没有创造性的。"[43]同样，柯布西耶也在他的《走向新建筑》一书中写道："工程师们正在生产着建筑艺术，因为他们使用从自然法则中推导出来的数学计算，他们的作品使我们感到了和谐。"[44]一种工程师的美学成为了建筑最理想的表达，建筑不再是往日的那种雍容华贵，变得纯粹而直截了当，一种由结构引起的真实性建筑成为了时代的精神。

2.3.2.2　革命性的建筑

现代主义建筑的革命性质是基于实用概念的特别强调，即"'空间'是一个积极的建筑性质，比起形成它的结构来，至少具有同样多的建筑上的重要性"。[45]建筑无论从什么角度看，都应该表达空间的本质，而不是空间以外那些装饰，正如现代建筑的先驱迪朗所言："装饰对建筑美观毫无用处，因为一座房屋只有满足需要之时才是美丽的。"[46]正因为如此，革命性的建筑特征主要表现在以下几个方面。

1.建筑空间的抽象

以往的建筑包括空间在内，都有着明显的叙事性和纪念性的特征，大量的装饰表达了

图 2-3-3 奥托·瓦格纳：维也纳，邮政储蓄楼大厅 1903～1906 年
采光顶与墙面上门窗构图保持一种对称关系，并具有空间的本原性和比例
的美。

一种权贵的意志和教化式的建筑目的。然而，现代主义建筑排斥了这种叙事性的建筑与空间，视建筑为纯粹的结构体，一种可容纳人的容器，并试图还原建筑的本原，消除建筑的权贵意志（图 2-3-3）。这种抽象性的建筑实则反映了理性意识下的空间观，而"阳光、空气和空间"成为一种合理的建筑原则。建筑仅作为一种空间的围合关系，是透过结构的逻辑性表现来揭示建筑的本质的，即"空间是建筑的主角"。

2. 建筑的服务意识

现代主义建筑的一个鲜明特征就是树立了社会责任意识，认为建筑应该为更多的人服务，而不是仅为少数权贵服务。建筑应具有广泛的意义，其中关注民众的居住问题是当代建筑师的一种职责，也是对现实社会做出的积极反应。因此，主张建筑多快好省，提出功能第一的设计原则，强调结构合理、材料运用严格与准确以及工作程序明确而清晰的工作作风，全然以实用的设计为最高目标。这种站在大众立场的建筑观，实际上是建筑第一次走向了真正的革命，以建筑的民主性和社会性来彻底改变设计服务的对象，建筑成为了一种社会性的集合产品。

3. 功能化的建筑空间

现代主义建筑是以结构技术的进步为先导的一种自由空间。在钢筋混凝土框架体系中，建筑的墙体不再是静力学上的承重构件，而作为了一种围合性的构件。自由的、曲面的、可随意划分或移动的隔墙能够根据需要随意组合，真正做到了平面布局的灵活和多样。因此，对建筑空间的探索便成为了当时建筑家们的一个中心课题，其中按功能划分成为空间构成的第一要素。强调空间的适用性和动态的平面布局，建筑的体型不再体现传统对称的三段式，完全反映了功能组合的结果。真实、自然和适用成为新建筑的审美取向（图 2-3-4）。

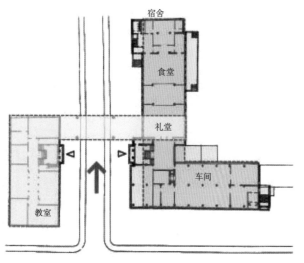

图 2-3-4 格罗彼乌斯，德国，包豪斯校舍平面和外观
两个 L 形的构图，使时间的概念产生，一种第四维空间的出现。建筑的立面不再是古典式的正立面，而变为多个立面的组合。
（笔者绘制分析图示）

2.3.3 空间的形式

20 世纪初始是对传统意识形态掀起革命的时期，它包含了哲学、美术、文学、音乐、诗歌等几乎意识形态的所有范畴，建筑必然受到了强大的冲击。尽管建筑不是一种纯意识形态，它受到物质技术的条件制约很大，但是，仍有一批精英建筑师参与到了这场大变革的浪潮中。勒·柯布西耶、密斯、格罗彼乌斯、赖特、A·阿尔托就是当时建筑界的先锋人物，他们为现代主义建筑建立了完整的思想体系，并且探索了建筑构成的新方法，创造了一整套的建筑形式语言，从各个方面影响了后来建筑的整体进程。直到今天，我们仍然在延续和发展着大师们的思想及设计方法。

2.3.3.1 自由空间

如果建筑不谈形式那一定是在空谈，因为建筑一定是物质形态的集合，建筑的形式必然反映其内容的所有方面。现代建筑所面临的问题就是要重建其思想内涵，原因在于传统建筑的意义已趋于衰退，新建筑、新思想及新方法急需建立，并成为一种发展的可能。因此，精英建筑师们把建筑创作视为是表达自我思想的机会，也是对传统观念的一次批判。

1. 非对称性

非对称性是现代建筑与传统建筑的一个分水岭。这种看似不够均衡的构图，一旦摆脱了对称性的迷信，实际上你就进入了设计的民主与自由，是一种真正意义上的环境协调。因为在现实中没有一处场地是真正对称的，而"建筑物要与周围环境发生关系，它就不能是对称的，不能是完整形式，而要与环境互为补足，相辅相成"。[47]所以，当我们看到现代建筑大师们的作品时，无论是建筑外观还是室内空间都能感受到一种非对称的设计语言，尽管有时也隐含着对称因素，但总体上还是表现了一种动态的建筑构成。因此，对称性是静态的，与环境对立，非对称性是动态的，与环境相融合，二者有着迥然不同的立场和视觉效果（图2-3-5）。

2. 四维分解法

几何形体，一种正交的盒子一直占据着建筑的霸主地位，从未有人打破过。直到现代主义建筑的出现，这个顽固的几何形体才被分解。一个盒子式的房间不再是封闭的容积体，而变为了结点分离、平面自由而随意的分解式空间，因而一些正交的墙体被拆分，使原本黑暗的角落变得明亮了，成为可穿越的流动空间（图2-3-6）。这种空间的构成方式，

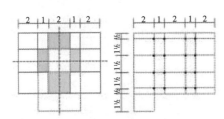

模数网格分析

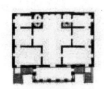

帕拉第奥马康汤泰别墅平面

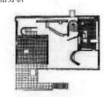

柯布西耶蒙契别墅平面

马康汤泰别墅正面

蒙契别墅平面

图 2-3-5 左为帕拉第奥的马康汤泰别墅平面，1560年。右为柯布西耶的蒙契别墅平面，1927年

柯布西耶使用了帕拉第奥的网格体系，巧妙的是将支撑构件隐藏了起来，使人觉察不到柱子的存在和一种对称性。

（笔者绘制分析图示）

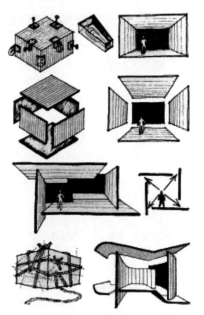

图 2-3-6 现代建筑空间图解

盒子式的建筑从封闭到打开并被分解，空间因此流动而自由。

在密斯的巴塞罗那德国馆建筑中能够充分地得以体现（图2-3-7），其中墙板不再是一个有限空间的组成构件，变为流动的线性要素，一种富有节奏的、连续动感的空间并注入了时间的要素，即第四维空间的出现。

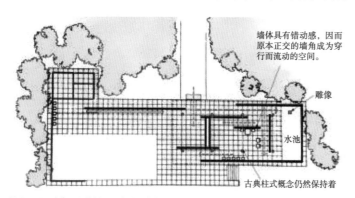

图2-3-7 密斯·凡德罗，巴塞罗那博览会德国馆平面，室内，1929年
线性的墙体在空间中起决定性作用，流动的空间中仍有古典的要素，一种柱式的关系依然存在。
（笔者绘制分析图示）

3. 开放空间

现代建筑空间的均质性在于它能够预测和适应将要发生的事情，满足人们更多的实际需要，因而空间是可变的，是可以根据需要自由调整的。那么，开放空间的到来才是真正意义上的空间创造，也是现代空间的新观念。以自由流动空间来反对固定划分的空间成为了现代建筑大师们的共同目标，就像密斯从不相信形式追随功能一样，功能需求总在变化之中，而结构形式则是一个相对稳定的因素。所以，考虑灵活、多样可变的形式空间是最大地适宜于人的需求，也是空间适应未来，并且是多用途、多功能的最好方法（图2-3-8、图2-3-9）。

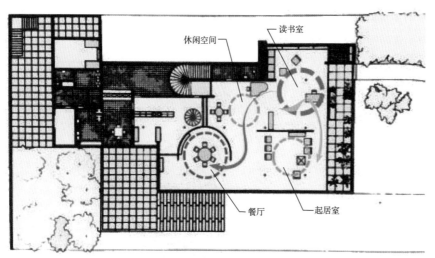

图2-3-8 密斯·凡德罗，布尔诺，吐根哈特别墅底层平面，1930年
同一空间中构成了多个场景，交融、可变和流动是空间的一大特色。
（笔者绘制分析图示）

图2-3-9 赖特，约翰逊制蜡公司总部大楼室内
空间的开放与自由的布置在柱网间穿梭，进而变化为美妙的空间情景，如同在林间一般。

2.3.3.2 有机与非有机性

有机与非有机性是现代主义建筑中最主要的两种建筑观，它们都具有国际性，并且形成了两种设计方法及理论。其中，有机派注重建筑与环境的协调关系，强调建筑空间的人性关怀；非有机派则注重功能主义的建筑观（有时称为国际式），要求空间形式的精确布局，并体现一种设计的理性精神，二者共同的特征就是遵循自由的平面和功能合理的布局，然而他们所阐述的方式则各不相同。

1. 有机性的建筑空间

赖特是有机建筑的倡导者，也是领军人物。对于赖特来说"自然"是设计的关键词，正如他所表白的那样，"自然不是因为是神，而是因为能够从神那里学到所有的东西，我们都将从神的躯体中得到，而神的躯体，我们称之为自然。"[48]人们可以从他的作品中充分体会到他所强调的"自然"，而且在建筑与环境的态度上，他所表现出的是建筑尽可能贴近于地面，一种横向的发展趋势，这正是他的"草原式住宅"一大特征。他把室外环境引入室内，又把室内延伸到室外，就如同中国古典园林中的情景布局一样：自然中有房屋，房屋中有自然，一种有机建筑的思想表达得淋漓尽致。由此可见，他的"草原式住宅"和"沙漠建筑"是真正意义上的地域形式，是与环境最好的结合，并且更多地关注了其中人们的活动、生活的需要和一种环境的生态观（图 2-3-10）。

图 2-3-10　赖特，流水别墅室内、外观
室内的天然材质与室外形成内外相融的关系。

有机建筑尊重人类的精神意图和个性需求，并认识到建筑既有数量问题也有质量问题。建筑不仅仅是一种时尚或一种批判的容器，而是寻求创造，一种不但美观而且能够表达在其中的人们的活动及生活状况的空间。这种富有情感的建筑空间不只是刻板的几何形体，还具有一些曲面要素的形体变化，显示了建筑及空间的活跃而自然的特

（a）　　　　　　　　　　（b）

图 2-3-11　阿尔瓦·阿尔托建筑作品
纯朴而富有情感的设计，不同于人们所理解的现代主义建筑。
（a）芬兰官；（b）赛奈察络市政厅室内

性。比如，阿尔托把功能主义的观念延伸，强化了建筑的有机性，并以包括满足人们生理与心理的全部需求。在他的设计中总能获得一种温暖和亲切的感觉，其主要采用了有机形态的曲线构图来表达自由和流畅的空间，用木材和红砖等自然材料来替代钢筋混凝土的表现。并且，阿尔托始终都在关注室内空间的氛围，认为可以通过建筑物理及设计方法改善空间，使室内环境质量在诗意般的空间表现中获得一种真诚和关怀（图 2-3-11）。

2. 非有机性的建筑空间

功能主义建筑体现了一种非有机性的概念，它适应于工业文明社会的机械化的要求，提出"为普通人建造住宅"的口号，并且具有实用功能和采用技术相一致的特征。一种标准化和批量式的建造房屋的方式，迎合了当时社会的实际需求。然而，在满足更为复杂的需求和功能方面，比如人的心理需求、情感需求上就显得力不从心，给人一种冷峻或千人一面的感觉，有人称其为"国际式"。不过，这是一种误解，或者是教条化的结果。

其实，功能主义建筑既有严整的几何形体，也有抽象的美学语言。这类建筑往往是外整内繁，像是一个包裹，里面装着各色货物（图2-3-12）。其中，空间性大于装饰性是其遵循的原则，正像密斯的那句名言"少就是多"一样，对空间的表现在于比例、材质、色彩、光线及空间尺度等，特别是对材料及工艺方面有着严格的控制和要求。密斯在巴塞罗那德国馆的设计中，因为一块大理石板而去修改平面的做法足以说明其对形式和材料的重视程度。柯布西耶也以人体比例的模数理论在建筑中的应用做出努力，企图用"模数观念"来统一思想，应用于建筑、室内及城市规划设计中，并为人们创造了最佳的建筑空间和环境（图2-3-13）。

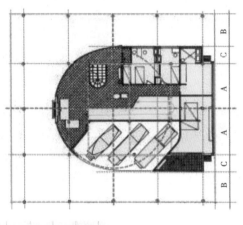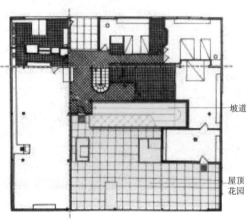

图2-3-12 柯布西耶，萨伏依别墅一层、二层平面，1929~1931年
外整而内繁的建筑构图，既有现代性，又有古典的意味，二者兼而有之，令人回味。
（笔者绘制分析图示）

坡道

屋顶花园

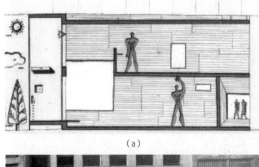

（a）

（c）

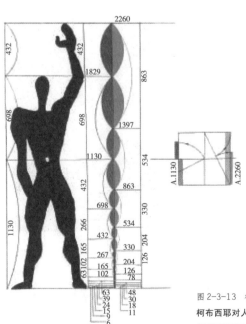

（b）

图2-3-13 柯布西耶的"模数观念"
柯布西耶对人体尺度的热衷可能来自于古希腊建筑的尺度观和对人体绘画的研究。
（a）人体模度与建筑的关系;（b）人体模数制作为建筑的一个标尺;（c）马赛"联合住宅"入口处的人体模度的表现

2.3.3.3　时空连续

空间，一种摸不到又实际存在的东西，直到 20 世纪初人们才意识到它并非是那么简单。对建筑而言，空间是包括时间因素在内的一种形态组织。尽管在哥特时期的教堂中有一种行进式的空间关系，时间的要素有所体现，不过，空间的总体布局仍然是单纯的传统方式，一种对称的构图。就是在巴洛克建筑中，空间的动态性也只是表现于二维的界面关系，这些都没有真正解决时间与空间的问题。

现代主义建筑的时间与空间观，实际上是强调人们的行为或生活在空间中的时间连续，即一系列行为的持续性发展，并在空间里也在时间中。这种时空连续意味着不仅是视点的不断移动，而且其行为也随之改变，人的视觉与心理的活动因此是一个不断调整的过程。例如，柯布西耶的萨伏依别墅，一条坡道贯穿于整个房屋，从地面直到屋顶，人在信步穿越的过程中，被眼前分层的景致所吸引，不断地调整着视点和心理活动，最后抵达一个不可能想象到的尽端空间——屋顶花园的出现（图 2-3-14）。这种时空连续实质上是一连串的规则设定后所产生的复杂的且适应人的行为及心理活动的一种过程。

图 2-3-14　柯布西耶，萨伏依别墅坡道及屋顶花园
空间的视点被不断变化的景致所切换，从而在活动中获得不同的空间体验。

在空间中加入时间要素是现代主义建筑的一大贡献，致使人们对第四度空间有了进一步的认识和发展。人们一生在使用空间，但对空间却不知情。所以，建筑师就有必要深究空间，捋顺空间中的各种关系，从而在空间秩序中发展一种"时空连续"，即非透视法的视点不断变化的过程，就如同中国长卷画中的散点式构图一样，在移动中感受和体验景致的变化。由此而言，空间因时间被激活，成为了时间的空间，空间情景也因为时间因素而被编辑和组织，继而强调了一种空间的"剧情"发展。现代建筑的构成正是体现了这种"时间的空间"概念，使空间或者环境变为了一种可阅读和交流的信息场。比如，你可以通过材料的变化来表达空间的序列和引导，也可以用不同的空间尺度及比例来体现时间的进程，还可以使用光线和色彩的手段来提示不同空间环境的氛围，这些手段都能够对时空连续进行充分的演绎。因而一个事件的发生不仅在于时间，而且也决定于空间。

2.3.3.4 情结的空间

现代主义建筑打碎了传统封闭式空间的同时，也摒弃了那些装饰符号及图式语言。一种以功能至上、排除一切建筑装饰观念便成为时下最为显著的建筑主张，而追求空间关系的纯粹性和现实意义又是一个重要的目标。这种看似功利和实际的建筑不免让人感到有些抽象和单调，缺少空间信息的传达和情感的表现。其实不然，这种强调了实用性的建筑观，却也掺杂了设计者的一种理想主义精神。他们用"自由平面"来达到空间与时间连接的动态表现，从而使空间形式增强了现代性和艺术的表现力。不错，这些空间的表现确实给人以新的体验和想象，已不再是简单的二维装饰，继而转为一种四度甚至是五度的空间意象。这些空间的表达，我们不能认为没有情感因素，恰恰相反，它包含了建筑师太多的空间情结。

1. 坡道

坡道本应是一个室外的建筑元素，但在柯布西耶的建筑中却成为室内的一种空间要素，由坡道串联的一种空间序列关系。坡道在此既有空间组织与划分的作用，并成为纵横双向的联系构件，同时又有时空连续的意义。这种手法不仅应用到了公共建筑中，而且在小小的住宅中也表现得极其富有创意和情趣化（图2-3-15）。与其说坡道是柯布西耶式

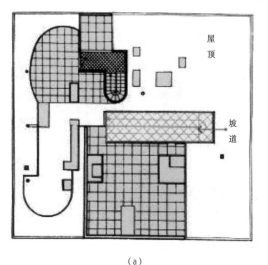

（a）

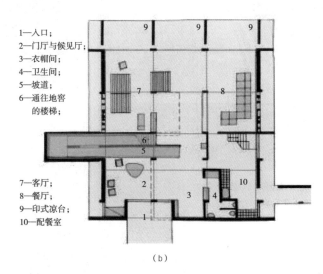

1—入口；
2—门厅与候见厅；
3—衣帽间；
4—卫生间；
5—坡道；
6—通往地窖的楼梯；
7—客厅；
8—餐厅；
9—印式凉台；
10—配餐室

（b）

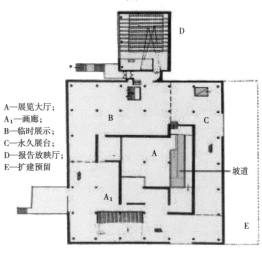

A—展览大厅；
A₁—画廊；
B—临时展示；
C—永久展台；
D—报告放映厅；
E—扩建预留

（c）

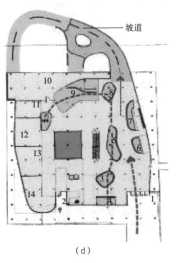

坡道

（d）

图2-3-15 柯布西耶室内坡道的处理

坡道在此成为了空间构图的重要元素，贯穿其中，形成了独特的空间序列关系。

（笔者绘制分析图示）

（a）萨伏依别墅；（b）肖特汉别墅；（c）东京国家西方美术馆；（d）斯特拉斯堡国会大厦

的空间构成要素，倒不如说是其本人的一种偏爱。正是这种空间的情结以致影响了后来的一些建筑师，如理查德·迈耶、雷姆·库哈斯、福斯特等人的设计中同样能够看到坡道的应用。虽然坡道本质上是线性的要素，有起点和终点，但是人们在穿过空间序列抵达目标的过程中既有舒缓性的前行动作，又有辨认环境和体验空间关系的机会。坡道在空间组合中不单是输送的通道，也是一种活跃的设计元素，如福斯特在伦敦新市政厅大楼的设计中就加入了坡道的元素，并改变其单纯的通道性质，成为一条观光城市景观的环形路线（图2-3-16）。

图2-3-16　福斯特，伦敦新市政厅室内
环形坡道成为人们观光泰晤士河美丽景色的一种有趣的步道设施。

2. 壁炉

赖特"有机建筑"的一个重要空间情结就是壁炉，并视其为是设计思想的一种表述。建筑设计从内到外，以"壁炉"发展到各个房间是赖特设计方法的一大特征（图2-3-17）。尽管赖特的壁炉情结受日本建筑中凹间概念的影响，但是赖特却把它上升到空间灵魂的高度，一种道德和精神的中心。然而，壁炉并不是赖特的专利，它是西方传统住宅中常见的一种采暖设施，是客厅乃至家庭生活的一个仪式性的核心，就如同今天住宅客厅中的电视墙一样，大家围绕其中，具有明显的情感因素和文化含义。虽然这种"壁炉"概念出自于实用，但它却被很多的建筑师作为一种空间符号给予了不同的诠释（图2-3-18）。即便是今天，赖特的这种空间情结仍然是空间构成的一个要素，即空间的视觉焦点。因此，我们在空间视觉性方面，关注中心的建立，这不只是出于实用，而是从精神和审美的方面考虑其价值。因为在空间中树立一个中心或者是焦点，能够维系空间的向心力，使空间概念清晰、目标明确并有助于建立良好的空间秩序。

图2-3-17　赖特的流水别墅室内中的壁炉

图2-3-18　住宅中的壁炉
自然的材料在空间中形成了对比，由此成为了视觉的焦点。而壁炉的形式关系在空间中起到了安神镇定的作用，成为空间的向心力。

3. 材料

材料是表达建筑师设计意志最有力的方法之一，关于这个问题可以到现代主义大师的作品中去寻找答案。柯布西耶建筑中那些粗糙的墙体具有很强的感染力，是一种具有远古力量的材料，实际上来自于柯布西耶的一种希腊神庙的情感迁移，它包含了结构有机性和个人意志的表述（图2-3-19）。然而，密斯对待材料的美学态度则是以"少就是多"为

（a）　　　　　　　　　　　　　　　　　　　　　　　　（b）

图2-3-19 柯布西耶对材料的运用

粗糙的材质情结来自于古希腊神庙，用材质来表达了一种力量和自然的建筑意志。

（a）小教堂室内；（b）朗香教堂局部

原则，很明显，精准、平滑和光亮是其建筑审美的特色。虽然密斯早期也使用砖作为设计的主要用材，但是最终还是以极简的用材和设计为著称，成为极少主义建筑的代表（图2-3-20）。密斯这种以现代工业文明为基础的材料意识，实际上代表了一种现代性、普遍性和通用性。因此，密斯的设计思想真正成为了现代建筑的主流，并传播于全世界。

赖特和阿尔托对材料的理解似乎不同于上述的两位大师，他们是以地域性为原则，就地取材，以天然材料来表达设计的意志（图2-3-21）。这种具有鲜明的环境意识和地域观的设计思想实则是一种有机现代主义。地域性通过材料充实到了建筑中，并表达为地域的建筑，这种基于材料的自然表达，更像是对现代主义建筑一种新的解释，建筑的情感在此也表现得非常充分。因此可以说，赖特和阿尔托的设计思想更具有当代性，更符合今天倡导的可持续发展的设计理念，同时也体现了对地域文化的一种尊重和关怀。

图2-3-20 密斯，柏林新国家画廊

用最少的语言表达更多的意味是密斯设计的精髓。

图2-3-21 赖特，东塔里埃森室内

材料的天然性传达了设计者一种崇尚自然的精神。

4. 装饰

谈及装饰可能是现代主义建筑的一大忌讳。然而，并非如此，如果仔细研读几位大师的作品的话，都能看到装饰并没有远离建筑，建筑从来就没有放弃过装饰。即便是密斯这样极简的建筑，也不难看到装饰的存在。无论是他的住宅还是公共建筑，那些穿梭在空间中富有动感的墙体和材质工艺，不正是具有装饰意味吗？因此，现代建筑的装饰性不是传统的二维式装饰手法，可以理解为空间的、赋有功能意味的一种装饰性语言，即功能性装饰，由建筑结构关系引起的，非是贴面性的图式。

现代主义建筑的装饰性还表现在非图解化和抽象性方面，装饰作为视觉传达的因素，起到了环境的提示作用，如柯布西耶式的色块、图案等。正像朗香教堂那些彩色玻璃与哥特时期教堂的彩绘玻璃相比，就有很大的区别，其根本不同在于朗香教堂的彩色玻璃剔除了故事性和说教性，使其更具有抽象性和视觉传达性，并给人一种想象。就如同蒙德里安绘画一样，排除了绘画中的文学性和情节性，使绘画变为了一种纯粹的形式语言（图 2-3-22、图 2-3-23 ）。

图 2-3-22　柯布西耶，朗香教堂室内
空间中抽象的图式更具有一种反叛精神，以往教堂中大量的故事性情节被排除，剩下的是纯粹的空间构图和抽象的意味。

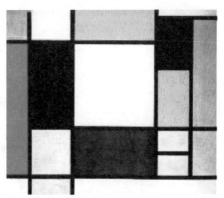

图 2-3-23　蒙德里安，构成，1920 年创作
主张放弃绘画中的文学性和对象性，提倡穷极的抽象形态，将三维世界理解为二维的平面。

如果我们再来看看赖特建筑中那些富有地域文化特色的装饰设计，你就更能够理解现代主义建筑并不是人们想象的那么刻板和抽象，相反，你能从中体会到一种温暖和情意（图 2-3-24）。同时也能引起你的反思，为什么现代主义建筑大师们的创作精神和他们对美的追求不被人们所理解，而片面地去效仿那些外在的形式和风格，以至于形成让人们后来厌恶的"国际式"。这种方盒子式的建筑曾一度强硬地、不分地域地、不考虑人们感受遍地都是。今天的中国建筑好像又回到了那个"国际式"横行的年代，所不同的是建筑形式花样繁多，风格各异，让人眼花缭乱，但细想起来，让人感到一种缺乏整

图 2-3-24　赖特，斯托厄住宅室内
人工加工而成的图案砌块代表着赖特对自然图像的抽象表达。室内气氛不失其温暖而富有情意。

体意志力的设计观，制造的是一种"大象无形"的建筑景象。更令人担忧的是，中国成为了各种建筑风格的实验场，一个没有了地域性的、无"根"的装饰时代在不断改变着我们的环境，同时也在侵蚀着我们的意识，这些难道不值得我们去深思吗？

本章参考文献

[1]、[7]、[8] 李允鉌著.华夏意匠[M].天津：天津大学出版社，2005：17、185、169.

[2] 李泽厚著.美学三书——美的历程[M].合肥：安徽文艺出版社，1999：68.

[3]~[6] 程建军，孔尚朴著.风水与建筑[M].南昌：江西科学技术出版社，1992：107.

[9]、[10] 萧默主编.中国建筑艺术史（下册）[M].北京：文物出版社，1999：916-917.

[11]、[27] [英]帕瑞克·纽金斯著.世界建筑艺术史[M].顾孟潮，张百平译.合肥：安徽科学技术出版社，1990：97、77.

[12]~[16]、[19]~[21] [法]勒·柯布西耶著.走向新建筑[M].陈志华译.西安：陕西师范大学出版社，2004：159、178、179、187、181、185.

[17]、[18] [法]罗兰·马丁著.希腊建筑[M].张似赞，张军英译.北京：中国建筑工业出版社，1999：163、24.

[22]、[26] [英]约翰·B·沃德-珀金斯著.罗马建筑[M].吴葱，等译.北京：中国建筑工业出版社，1999：5、59.

[23]、[29]、[34] [意]布鲁诺·赛维著.建筑空间论[M].张似赞译.北京：中国建筑工业出版社，1985：45、46、66.

[24]、[41] [美]刘易斯·芒福德著.城市发展史[M].宋俊岭，倪文彦译.北京：中国建筑工业出版社，2005：242、369.

[25]、[28]、[32] 陈志华著.外国建筑史[M].北京：中国建筑工业出版社，1997：70、77、116.

[30] [法]路易斯·格罗德茨基著.哥特建筑[M].吕舟，洪勤译.北京：中国建筑工业出版社，2000：116.

[31] [美]卡斯腾·哈里斯著.建筑的伦理功能[M].申嘉，陈朝晖译.北京：华夏出版社，2001：107.

[33]、[35]、[36] [英]彼得·墨里著.文艺复兴建筑[M].王贵祥译.北京：中国建筑工业出版社，1999：5、26、68.

[37] [英]帕瑞克·纽金斯著.世界建筑艺术史[M].顾孟潮，张百平译.合肥：安徽科学技术出版社，1990：240.

[38]~[40] [挪]克里斯蒂安·诺伯格-舒尔茨著.巴洛克建筑[M].刘念雄译.北京：中国建筑工业出版社，2000：5、6、8.

[42]、[45]、[46] [英]彼得·柯林斯著.现代建筑设计思想的演变[M].英若聪译.北京：中国建筑工业出版社，2003：194、10、14.

[43] 转引自[英]丹尼斯·夏普编著.理性主义者[M].邓敬译.北京：中国建筑工业出版社，2003：29.

［44］［法］勒·柯布西耶著.走向新建筑［M］.陈志华译.西安：陕西师范大学出版社，2004：15.

［47］［意］布鲁诺·赛维著.现代建筑语言［M］.席云平，王虹译.北京：中国建筑工业出版社，1986：27.

［48］［英］内奥米·斯汤戈编著.F·L·赖特［M］.李永钧译.北京：中国轻工业出版社，2002：12.

本章图片来源

图2-1-2、图2-1-3（b）、图2-1-10、图2-1-12（b）、图2-1-14、图2-1-16：萧默主编.中国建筑艺术史（上、下册）.北京：文物出版社，1999。

图2-1-3（a）：张安治著文.清明上河图.北京：人民出版社，1979。

图2-1-4、图2-1-19：刘敦桢主编.中国古代建筑史.北京：中国建筑工业出版社，1984。

图2-1-8（佛罗伦萨主教堂）:［英］贡布里希著.艺术的故事.范景中译.北京：生活·读书·新知三联书店，1999。

图2-1-15：永乐宫壁画.北京：人民美术出版社，1978。

图2-2-1:［美］弗郎西斯·D·K·钦著.建筑：形式·空间和秩序.邹德侬，方千里译.北京：中国建筑工业出版社，1987。

图2-2-2、图2-2-3、图2-2-10、图2-2-11、图2-2-20～图2-2-22、图2-2-24、图2-2-25、图2-2-28:［英］贡布里希著.艺术的故事.范景中译.北京：生活·读书·新知三联书店，1999。

图2-2-4:［法］罗兰·马丁著.希腊建筑.张似赞、张军英译.北京：中国建筑工业出版社，1999。

图2-2-5、图2-2-14、图2-2-18（外观）、图2-2-31（外观）、图2-2-36（外观）:［英］乔纳森·格兰西著.建筑的故事.罗德胤，张澜译.北京：生活·读书·新知三联书店，2003。

图2-2-6～图2-2-9、图2-2-12:［英］约翰·B·沃德－珀金斯著.罗马建筑.吴葱等译.北京：中国建筑工业出版社，1999。

图2-2-13:［德］汉斯·埃里希·库巴赫著.罗马风建筑.汪丽君等译.北京：中国建筑工业出版社，1999。

图2-2-15:［英］派屈克·纳特金斯著.建筑的故事.杨惠君等译.上海：上海科学技术出版社，2001。

图2-2-17：陈志华著.外国建筑史.北京：中国建筑工业出版社，1997。

图2-2-19:［法］路易斯·格罗德茨基著.哥特建筑.吕舟，洪勤译.北京：中国建筑工业出版社，2000。

图2-2-23、图2-2-26、图2-2-27、图2-2-30:［英］彼得·墨里著.文艺复兴建筑.王贵祥译.北京：中国建筑工业出版社，1999。

图2-2-31（轴测图）:伯纳德·卢本等著.设计与分析.林尹星，薛皓东译.天津：

天津大学出版社，2003。

图 2-2-33 ~ 图 2-2-37：［挪］克里斯蒂安·诺伯格 - 舒尔茨著．巴洛克建筑．刘念雄译．北京：中国建筑工业出版社，2000。

图 2-3-1：［美］H·H·阿纳森著．西方现代艺术史．邹德侬等译．天津：天津人民美术出版社，1986。

图 2-3-2：伯纳德·卢本等著．设计与分析．林尹星，薛皓东译．天津：天津大学出版社，2003。

图 2-3-3、图 2-3-7（室内）、图 2-3-17、图 2-3-20：K·弗兰姆普敦总主编．20世纪世界建筑精品集锦（第 3、4 卷）．北京：中国建筑工业出版社，1999。

图 2-3-7（平面）、图 2-3-8、图 2-3-12：［意］曼弗雷多·塔夫里、弗朗切斯科著．现代建筑．刘先觉译．北京：中国建筑工业出版社，2000。

图 2-3-4：平面—［日］原口秀昭著．路易斯·I·康的空间构成．徐苏宁，吕飞译．北京：中国建筑工业出版社，2007；外观—James Steele，今日建筑。

图 2-3-5：［丹］S·E·拉斯姆森著．建筑体验．刘亚芬译．北京：知识产权出版社，2003。

图 2-3-6：［意］布鲁诺·赛维著．现代建筑语言．席云平，王虹译．北京：中国建筑工业出版社，1986。

图 2-3-9、图 2-3-21、图 2-3-24：［英］内奥米·斯汤戈编著．F·L·赖特．李永钧译．北京：中国轻工业出版社，2002。

图 2-3-10、图 2-3-18：Lisa Skolnnik 编著．少就是多．徐健译．天津：天津科技翻译出版公司，2002。

图 2-3-11：(a)［芬］约兰·希特尔编著，阿尔瓦·阿尔托：设计精品，何捷，陈欣欣译．北京：中国建筑工业出版社，2005；(b) 薛恩伦．珊纳特塞罗市政中心．世界建筑，2007/12 期。

图 2-3-13（a、b）：［瑞］W·博奥席耶编著．勒·柯布西耶全集（第 4、6、7、8卷）．牛燕芳，程超译．北京：中国建筑工业出版社，2005。

图 2-3-13（c）、图 2-3-19、图 2-3-22：［英］伊丽莎白·达琳编著．勒·柯布西耶．杨玮娣译．北京：中国轻工业出版社，2002。

图 2-3-14：ABBS 论坛图片。

图 2-3-16：［英］洛兰·法雷利著．建筑设计基础教程．姜珉，肖彦译．大连：大连理工大学出版社，2009。

图 2-3-23：何政广主编．蒙德里安．河北：河北教育出版社，1998。

其余图片除注明外，均为笔者拍摄和提供。

Unit 3

第3章 室内空间与环境

- 室内就是一种场景的组织和计划，空间是"无"，而场景是"有"，因而场景既是物质的生活，也是一种精神的存在。
- 建筑形成的空间不是简单的形式问题，而是涉及了诸多因素在内的人们最为熟知的一种现实反映。
- 空间既可以聚集我们，也可以把我们分开，这一切都源自于形式的构成，即形成空间的方式。
- 建筑空间作为一种环境，是人文与科技并存的混合，也是人工化、智能化和信息化的产物。
- 环境的设置在于人际关系的维系，因此一套社交的规范必然与环境的设置有关。

3.1　形成室内空间

建筑为室内环境营造提供了最基本的条件，它的构成关系将决定着空间是聚合的，还是离散的。建筑的构成实际上是各种要素的形态及布局关系的一种组合，并且是以整体性的思路展开的空间计划。尽管建筑构成的手段多种多样，但是建筑的最终目的是为人们创造一个丰富而适宜的环境，它既是物质的生活，也是一种精神的存在。毋庸置疑，室内空间对于使用者来说，其意义要大于建筑的外在形式，即一个被利用的界面和体量。正如布鲁诺·塞维所说的那样：建筑外观不管有多么好看，都只不过是一个外壳，一个由墙面形成的盒子，它所装的内容则是内部空间。[1] 由此见得，建筑为我们组织和建造了空间，同时也激发或促进了人们的行为和生活。一切事件的发生都与空间环境有关联，这就意味着事件占据了场所，而场所反过来又促使事件的发生。

3.1.1　形成空间的因素

建筑作为存在的形式，其构成因素不仅仅是图式语言、审美和技术要旨，它还包含了一整套社交性的语言和行为的规范。所以，建筑形成的空间不是简单的形式问题，而是涉及了诸多因素在内的人们最为熟知的一种现实反映，就如同下式表明的那样。

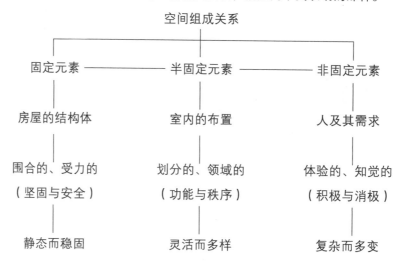

3.1.1.1　固定元素

从建造的角度，基于房屋结构受力部分变化的可能性很小，也就是按照房屋受力关系支撑的结构构件是建筑的形式主体，通常被称为是建筑的固定元素。这种固定元素的形式一旦确定将不会再有多大的改变，或者改变是缓慢有限的，其中的空间关系也必将受到引导和制约。例如，在以墙体受力方式的房子里，空间形式是相当固定的，空间改变的可能性比较小，原因在于墙体是支撑房屋的构件，不允许随意的改动，由此带来的空间布局和使用就要顺应其给定的形式。即便是在框架结构中，梁、柱、板也是制约空间改变的因素之一。由此看来，建筑的固定元素对空间及使用影响极大，这不仅仅是功能上的，可能还涉及到了审美方面，因为建筑空间既是实用的，也是视觉审美的，二者是一个有机的统一体。所以，建筑的固定元素是空间创造的第一要旨，其因素的组织方式（空间结构的组织）是表达设计构思和立意的最本原的技术法则。

1. 结构的因素

对于建筑而言，框架结构就如同动物骨骼一样，结构的比例、节奏和均衡是形成井然有序的肌体的重要因素。这种结构系统还必须能够包含与支撑功能完全不同的、处于不同位置的建筑"器官"，即满足功能和生活要求的一些设备设施等，因此结构赋予了建筑永久的元素和形式。很明显，它具有整体的、一般化的、客观的存在，同时又有对形体控制的作用。结构因素基本上被看做是公共的、客观规律的体现，受到规范、法令和技术等制约。结构的形成也往往是依据建筑特性及使用功能所采取的一种技术对策，而且要在体现整体权益的范围中产生。从形式的层面上讲，结构的重要性来自设计所赋予的用意，更多地体现为空间组织是否灵活和可变，正如密斯所认为建筑形式是一定的，内部功能与使用则是多种多样的，是随着人们不同的需求而不断变化的。很显然，结构是启动构想的框架，也是实现想象力的承载体，而并非是单纯的受力构件，它完全可以成为构成秩序的一个共同分母（图3-1-1）。

图3-1-1 某建筑室内
设备管线及结构体成为室内设计的制约因素，也是技术支持，设计的创意无不与它的存在有关。

2. 非结构的因素

现代建筑中的非结构因素主要体现在结构之外的构造、设备及装修上的错综复杂的组合关系，因此可以理解为是非主体结构的相对固定元素。建筑中的设备管线等设施在空间中形成了相对稳定的格局，并且是引起构造性表现的成因。它既可以跟随结构的秩序，也可以构造方式的不同产生差异，例如电气照明、消防、空调等设施的布局应和具体的房间使用相协调，也应和装修相呼应，而且应该将一些功能性的设施设备与空间形式形成整体和谐的关系。从某种意义上讲，一些表现性的构造做法实际上是为了解决由固定元素带来的诸多矛盾而采取的一种设计。例如，贝聿铭大师在他的苏州博物馆设计中，把空调系统布置于地面和墙角中，并且通过装修的手段做了巧妙的处理，这样做的目的在于换取了室内顶棚纯净和自由的表现，同时在设备检修方面也提供了一定的便利（图3-1-2）。

图3-1-2 苏州博物馆，室内走廊及地面风口
空调出风口在地面，需要人们很好的维护，避免尘土及脏物进入管道。

随着现代建筑功能及内容越来越

复杂，技术趋于智能化，建筑内部空间循环使用的可能越发显现，空间就更倾向于均质化。人们以实际需求、自由和灵活的划分空间已成为了一种常态，因此要求结构构件减少而形成大空间和多变空间是人们的一种普遍愿望。人们往往通过非结构方式来自由计划空间的使用和布局，如采用轻质隔墙材料、隔断划分空间的方式以及装饰性的造型手段等，为空间营造带来了太多的表现力，空间形式也由此丰富多彩。这种非结构的设计在今天的建筑中表现得非常活跃且多样化，并成为了现代室内空间设计的一个鲜明特征（图3-1-3）。

图3-1-3　办公门厅，左图为建筑原始空间、右图为室内设计后效果图
新型装饰材料装点着室内空间并形成表现力丰富的视觉特征。

3. 文化的核心因素

固定元素除考虑结构与非结构因素之外，还应关注文化的核心因素，因为在很多外围因素发生变化时，其核心因素却保持不变。例如，住宅是一个既老又新的建筑类型，发展至今已不再是过去的住宅，现已"成为影响城市形式的决定性元素和一种典型的城市建筑体"，[2]人们的生活方式也因此发生了根本性的变化。但是，一种居住的核心并没有变（相应于文化核心因素），这就是稳定的居住秩序，即居住中的伦理、等级、道德以及与地域环境有关的习俗等，常常成为文化适应程度的良好标志。然而，在公共建筑中，这种文化核心因素体现的较为明确，不会因为技术条件的改变影响对文化的表达。恰恰相反，现代技术为设计师提供了更自由的表达思想的机会，正像西班牙建筑师米拉莱斯设计的苏格兰国会大厦，建筑结构形式与室内布局，体现了一种自然的形态组合关系。无论是建筑的外观还是室内都表达出设计者的一个理念，就是建筑造型应该突出于这块土地、传达一种精神形象，让建筑像从苏格兰大地上长出来一样。以自然形态的语汇来表达设计者对环境和地域文化的深层思考，并且用独特的风格形式展现建筑物与土地、土地与公民、公民与建筑物之间一系列的鲜明特征（图3-1-4）。[3]所有这些都反映了地域性元素对技术的一种影响，因而其形式的组织必然要考虑了环境场地的特征，同时与其他因素汇聚成了向心的动力，它实际上传达了一种文化关系，而不只是一种结构关系。

3.1.1.2　半固定元素

对于一个室内空间而言，半固定元素包括家具、隔断、室内配饰及陈设布置等，这些元素在环境营造方面起着重要的作用，比起固定元素来更易于表达意义。例如，一个经过环境布置的房间比一个裸形的房间具有"普通"和"不普通"的识别性，因而传达出更多的设计立意而引起人们的重视。室内环境的氛围正是通过半固定元素的组织和表现来完成的，其中家具、陈设以及装饰品等是体现环境品位的重要因素。

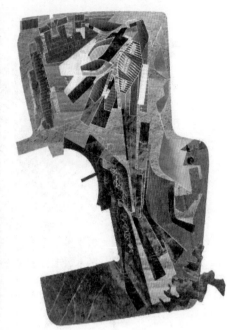

图 3-1-4 苏格兰大厦大厅及平面概念图
具有植物形态的设计概念，表达了与土地的关系，同时传递了一种文化的核心因素，这就是建筑所应有的地域性特征。

1. 隔断

隔断在室内空间中作为半固定元素，是十分活跃和积极的，尤其是在现代建筑空间中，这种活动性或者具有家具性质的隔断作为空间划分的形式，既起到了空间分隔作用，又有实用的功能，可以说是一种积极有效的空间组织方式（图 3-1-5）。然而，以家具、帷幔、玻璃、植物以及其他方式分隔的空间，应注意它们构造的安全性和装饰性，同时应该与设计主题相呼应，特别是一些材料质地的变化应该注重环境的整体性，不能因为它有功能性质而轻视其艺术的表现力。应该说室内隔断更像是一种装置，忌讳生硬而求其巧妙，在空间中既要方便实用，又要丰富环境。因此，隔断是室内空间中的

图 3-1-5 福斯特，塞恩斯伯里视觉艺术中心，展览空间
可移动的隔断具有时效性的空间使用价值。

界面体，同时也是完善环境的重要设计手段，还是对场景及人的行为的一种组织，环境的脉络因此变得清晰而被人们所理解。

由此而言，隔断是空间限定和功能组织的重要元素，室内不同空间的形成也多体现为这种隔断的组织，并形成实效的空间使用。但是，隔断不单纯是环境的构件，满足于一般使用的需求，而且还应该考虑其形式的构成和变化，也就是说，空间关系不只是一个技术问题，还是一个艺术问题。隔断的概念除了从功能角度理解外，还应思考设计的特色及形式的多样性，特别是对于某些公共空间，良好的空间组织应注重虚实相宜和象征性的手法。例如，图 3-1-6 中的植物与柱状灯饰的有序排列就构成了一种有意味的"隔断"。这种隔断的思路不是一种生硬的划分，而是通过形态的有意编排而形成空间与自然的交融，重在视觉秩序的建立，并且具有象征性的空间限定的关系，使原本空旷的大厅引伸了庭院的要素，创造了室内有室外的环境场景。

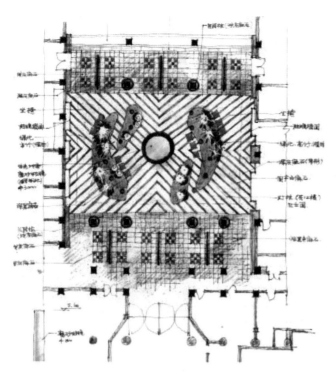

图 3-1-6 某海关大厅室内设计平面、大厅透视图

以植物、灯饰为造型的"隔断"，在空间中起着构图的作用，并形成有序的空间关系，如穿插在绿色间的座椅便是可停留和交流的领地。空间不再是空洞无物，而变的情趣盎然。

2. 家具

人们在室内环境中交往的程度如何与家具布置有着很大的关联。一个室内环境是否舒适和积极有效，就要看家具选配和布置的方式。因此，这种半固定因素在我们的文化中不仅是实用的工具，而且还承担着社会的功能。很明显，家具在空间中具有促进人与人交流和引导人们行为的功效，在空间布局上也形成了条理性和秩序感。例如，在公共空间中，家具不仅为人们提供方便和使用，还有维系场所秩序和建立行为规范的作用，人们也正是通过对家具布局来理解空间场所的特性（图 3-1-7）。由此看来，家具是组成设计框架的重要元件，或者进一步说，宁可设计简单些，也不能放松对环境的布置，家具正是其中最为重要的因素之一。

家具及其布置在一定程度上反映了空间的状态，同时与房间尺度、装修和室内陈设品共同构成环境的氛围，并体现了场所的特质及品位。比如在一些工作场景中，开敞式办公

图 3-1-7 某酒店茶座

座位的布置具有一种亲切的尺度关系，同时也传递了环境所具有的一种品位及特性。

空间，家具布置仍有它的条理性和等级性质，传递了一种社会信息，即关于占用者、阶层和场所特性等。一般而言，经营性空间布局注重场所的宣扬，往往通过家具及装修来达到一种身份显露和商业化的炫耀。对于非商业性场所，比如办公性质的空间，其条理性以及家具和陈设的品位与格调，都能反映出场所的气质和情景的高低。人们可以断定，有条理与无条理对比，诸如在杂乱而没有什么条理性的环境中生长的人与在有条理且正统的环境中生长的人相比，其养成的习惯与为人处世的方式会大不相同，其间文化的濡染和环境的教育起到了重要的作用。因此，我们可以认为，"环境强加一种秩序、一种分类方式、强加对某种系统和行为以及接受社会要求的学习。"[4]这种由半固定因素引起的空间环境意识正是培养一个人品行不容忽视的方面。

3. 陈设与配饰

室内陈设及配饰是一种灵活随意的布置，看上去更像是随主人意愿而定的，包括样式、风格及色彩等多少与房间主人的性情与爱好有关。可以认为，室内陈设是一种持续的布置过程，并非是设计师的一蹴而就。陈设与配饰不仅仅是环境中的摆件，它还是一种生活的情节和乐趣。我们识别一个环境可能就来自于眼前的"布置"，就如同我们打量一个人的穿着装扮一样，视觉的线索正是通过环境的"装扮"所获得的，即家具、陈设的配置。但是，如果把房间里的配饰和那些布置去掉，这个房间就会恢复到原始，它的特别之处也就不复存在（图3-1-8）。由此可见，室内环境的布置是可识别的、是赋有个性的，并能够诱发恰当的行为和一种非言语交流的可能。而那些窗帘、地毯、墙画、灯饰以及其他室内饰品都可能成为环境中的一种互补，与空间尺度、家具、装修和风格等共同建立起环境的脉络关系，形成赋有特色的场景空间。

图3-1-8 某住宅客厅左图是原始空间，右图为布置后的空间
通过半固定元素建立了一种可居住的环境，其中家具及配饰起着重要的作用。

3.1.1.3 非固定元素

空间的意义在于人的进入与参与，而人作为非固定元素在空间环境中却呈现着复杂多样的关系，因此我们必须把人与环境作为一个整体来研究，"努力架起非固定因素和半固定因素两种研究之间的桥梁"，[5] 并对于那些潜在因素加以考虑，最终把空间环境的形成落到具体的交流、场景和行为上来。空间环境设计，必须涉及人的行为及心理、生理模式的分析和研究，像人的体位和体态、生活观和情感因素所引起的行为表达以及行为在相互影响中所做出的反应。

1. 视觉与听觉

人与人交往主要在于视听接触的程度如何，空间结构与环境布置的方式会促进或抑制人们的交流，要了解它们是如何起作用的，自然就成了一个本原性的设计问题。我们必须考虑空间中的视景与遮蔽之间的恰当平衡，或者说，空间环境的组织，应该满足人们在各种情况下的选择和保持某种特定的关系。例如，环境的定义是促进还是抑制人们的交流，那么就应该在形式组织上作出积极、有效的应对（图3-1-9）。就像一个封闭的房间带来了空间上

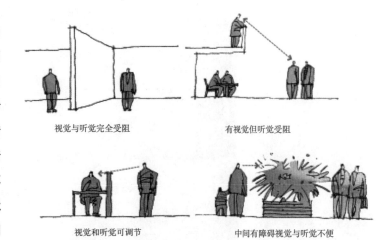

视觉与听觉完全受阻　　　　　有视觉但听觉受阻

视觉和听觉可调节　　　　　中间有障碍视觉与听觉不便

图3-1-9 人际交往必定受到环境布置的影响

的独立性，有抑制与外界交流的意味；而开敞空间则促进人们自由的交流，视觉与听觉保持良好，但是个人的私密性却不受到保护。因而，空间的封闭与开敞是设计的一个基本问题，它直接影响着人们对空间环境的使用效果。那些有着良好的视线和清晰的声音效果的环境，对于人际交流来说一定是融洽的；对于一个要保持独立的房间，就一定要考虑它的封闭性和安静的环境，其中隔音是一个重要的技术指标。即便是在开敞空间中，也不应该有太多的视线和听觉的干扰而影响人们的正常交流，造成心情的不悦。所以，视觉与听觉的如何是衡量环境质量的一个重要指标，也是一种以人为本的设计体现。

2. 空间知觉

空间知觉主要来自于视觉上的感受，这种"被看见"的空间实际上介入了一个知觉了的理想环境，"设计者倾向于从知觉的措辞作出反应（即其意义），而其他行业的人，使用者，则倾向于从联想的措辞作出反应。"[6]例如国家大剧院建筑，设计者从知觉的措辞出发，将一个巨大的体量化减到最弱，以轻薄优美的曲线构成宛若水中仙阁一般，在昼夜的光芒下交相辉映。这个富有想象力的设计构思更多地考虑了与周边环境的协调关系，削弱了对旁边的人民大会堂所造成的压迫感，并且二者分别代表着两个完全不同的时代（图3-1-10）。然而，人们从环境联想方面作出的回应却与设计者大相径庭，对这个形式怪异的建筑褒贬不一，常常有"水中蛋"之戏称。之所以有这样的调侃，一方面反映了人们对新事物接受的能力，另一方面也体现了设计者与公众对待事物的认知方面存在着较大的距离。设计师以专业阅历和美学修养来理解建筑，普通人则以生活的感悟或以某种外在因素来看待建筑。使用者的空间知觉多体现为"个人化"或接受某种的引导，因而设计师需要考虑不同人群的利益和他们对空间及环境的认知能力。在空间设计中，同一种图式或布局，可能在不同的人眼里其意义就有所不同。因为人们对空间知觉可能是直接的（亲历体验的），也可能是间接的（其他渠道，如传播媒介等），同时还受到价值观及文化的影响，所以设计的很多意义与使用者有关。尤其对于室内空间来说，设计宁可不足也要留出余地，为使用者的参与而考虑，比如对半固定元素尽可能考虑为可变换和改动的构件，装饰性的布置应该尊重使用者的意愿，并且预测其日后不断变换的可能。主体结构也要注重其均质性，能够适应将来改造的需要，从而对于不同的个人或群体的需求，提供不同意义的设计背景及服务。

图 3-1-10 国家大剧院效果图
左上角为人民大会堂，与大剧院的关系形成了对比，一刚一柔互不往来。

3. 空间安全感

一个建筑空间环境能够使人平静和安心,在于其保持了稳定的秩序和安定的环境效果。从人的行为心理来看,安全感不全来自于身体,还来自于心理作用。比如有自然采光的房间比没有自然采光的房间要有安定感,这里主要是心理的暗示。因为在自然光的环境中,人们能够感受到时间的变化,与自我的生物钟相联系,形成一种协调关系。反之,人的生物钟有可能被打乱,一种不安定因素必然会显现。同时,人的行为方式的不和谐也能在空间环境中引起不安全感,例如在一个安静的环境中,有人大声讲话或者动作及行为过于强烈,必然会引起周围人们的关注和警觉,从而在心理上扰乱了人的心情。因此,行为举止的不协调,也是一种不安全的因素。那么,如何在设计中关注这种安全因素并通过设计的手段避免人们行为上的不和谐和不安全感的出现,便是设计所要探索的问题,其中重点是通过半固定元素的组织。通常,在开敞办公空间中铺设地毯可以消除脚步带来的声响,不会干扰他人的工作,同时也有抑制人们乱扔杂物的行为,环境由此获得了净化。除此之外,空间的次序性、领地的界定和位置的固定都具有持续的安全感,并给人以明确的空间归属(图3-1-11)。

图3-1-11 某开放办公室
格子间办公为个人划定了明确的归属,同时也保持了整体的空间。但是能耗控制是个问题。

3.1.2 形成空间的方法

现代建筑是一个被打开了的盒子,空间关系趋于复杂而多变,因而物质化的形式空间便成为设计的焦点,也就是说,"我们关心的是形式的空间,就好似一个乐器为它的演奏者提供的行动自由。"[7] 空间的形式也应如此,为人们提供了用途和完成各种行为的环境。空间既可以聚集我们,也可以把我们分开,这一切都源自于形式的构成,即形成空间的方式。因此,空间形成的方式对人们利用空间影响很大,将决定空间是否实用、是否与人们的日常生活紧密相连,是否赋予了更多的附加价值,所有这一切都是形式与功能的相互作用的结果。

3.1.2.1 固定空间

固定空间是空间构成中最基本的形式,以不变、功能明确和位置固定为特征,是空间中最稳定的形式之一。这种墙体围合的空间有着相当的独立性和封闭关系,在一个建筑中多少都会有一些固定的空间,来保证空间使用的基本合理,如居住空间中的卫生间、浴室和厨房等。在公共建筑中的楼梯间、电梯厅、公共卫生间以及阶梯报告厅等也都具有固定不变的特性。

1. 功能明确

空间之所以称之为"固定",主要是指功能明确不变,其中布局是一个重要的环节,必须体现合理性、实用性和整体性,做到既经济又适用,并且传达一种人性的关怀。例如,住宅中的厨房是一个劳作的空间,其工作性质决定空间布局应满足人的操作流程,符合人体功效学的原理,以减轻人的疲劳感为目标。厨房平面尺寸也应该与其中的设备和设施相协调,并适度考虑日后增添设备设施的可能,留有一定的发展空间。所以,功能明确性不是简单地计划内容,而是应该关注长久的使用效率。特别是在公共建筑空间中,固定空间往往是基本的功能空间,其空间形式和定位基本不变,因而功能的指向、设施的完善与到位，以及细节处理是设计的重点，诸如家具与空间、疏散与安全、色彩与光线以及室内的通风换气等，这些都涉及到人的心情和使用的状况。因此，设计应该从人的行为出发，既要整体的构思和部署，又要符合国家制定的相关规范和要求，这一切都体现为一种以人为本的精神和对环境功能的深层理解。

2. 界面变化

一个固定的房间皆有四壁，势必有一种封闭、单调之感，然而空间形式的确定性并不代表形式的僵死和不可改变，形式的"围"与"透"则是解决空间沉闷的关键所在。是以"围"为主还是以"透"为主，要依房间的功能性质和结构关系而定。这里所指的"透"是通过不同材料的应用来改变墙体的性质，并获得空间的变化。例如用玻璃或半透明的材料来解决过于沉闷的实体墙面，是一种不错的想法，从而使房间既有围合性，又有一定的灵透感，使空间有着一种轻松的视觉效果（图3-1-12）。

图 3-1-12 从走廊看会议室
磨砂玻璃为空间带来了变化，生动又愉悦。

3.1.2.2 开放空间

现代建筑中的开放空间表现出一种积极而充满活力的性格，是室内空间中聚气聚人的场所。如果一个建筑缺少开放空间，那这个建筑的内部空间多少会显得呆板而缺乏生气。其重要原因是它不能为人们提供更多的、宽松的、可自由交流的空间，环境氛围也就会沉闷而乏味。因此，空间的开放，实质上是针对封闭空间而言，其最大的特征是空间表现活跃、宽容和共享，是现代建筑中不可缺少的空间构成因素之一。

1. 空间的均质性

开放空间是室内空间中的节点，它或是空间的中心、或在空间序列中扮演着重要角色，其流动、渗透和转换的空间性质为室内带来了一种生机，并成为现代空间构成中的活跃源。在空间功能方面，开放空间的社交性与多重性，能够满足多种活动和行为的需求。空间方式基本上表现出共享的、均质的特性。平面形式注重"留白"的布局，预测可能进行的活动和人们逗留、交往的频率等，从而适应不同时段、不同事件、不同人群的活动需求。例如，公共建筑中的大厅、中厅或转换空间等，都不同程度的为熟人或陌生人的交流、攀谈提供了随意的环境，同时也为人们临时组织活动提供了场地。这些空间的意义在于增进了人们的相互交流，激发了人的参与欲望，也容忍了陌生人与自己靠近，可以说是促成人际关系融洽的适宜场所（图3-1-13）。

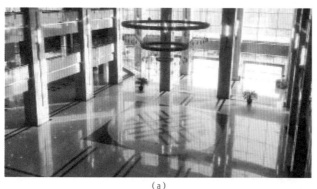

（a）

（b）

图 3-1-13 某会堂大厅
（a）大厅空间表现为一种兼容的意向，因而功能成为多向的概念，并满足于多领域使用的意愿；
（b）一种时效的空间设计的均质性价值

2. 形式的生动性

开放空间在某种程度上具有聚集的概念，空间的包容及其自身的意义在于形式组织的方式和开放性的定义，因而空间性质多为普适和宽泛的。其空间形式在整体上表现为建筑的形态化，即一种空间形态的"场地"感和均质的状态。由于开放空间是建筑中的节点，体现着建筑构成的关系，因而室内设计要坚持空间性大于装饰性的原则，强调建筑空间关系的整体意识，而不是简单的装饰效果。空间形式的生动性则来自与外界相衔接的关系，构成内外交融的整体环境并赋予一种视觉的连续。室内光线、色彩和材质的表现应注重设计的主题性，以简洁概括且保持中性为原则，力求空间氛围明朗和善意，并以此适应于不同的活动和行为（图3-1-14）。

图3-1-14　某银行大厅

大厅承载着场所的多种信息，空间性来自于建筑设计。在此，装饰性在于主题性，其中材料与工艺的控制、比例与尺度的推敲可能比造型更重要。

3.1.2.3　时效空间

时效空间表现出一种可变的性质，空间根据需要可以随时调整和变换使用的方式，以此满足人们不同的需求。这种能够根据不同需求改变其空间形式的设计方式，在现代建筑空间构成中有着重要的意义。进而，这种打破了传统的单一而固定的空间格局，使之成为一种时效而灵活的空间使用，空间利用更趋于合理和高效，应该说是一种节约的、可持续使用的空间。所以，时效空间在现代室内设计中具有很强的表现力，为室内空间的营造带来了赋有变化和多用的空间效果。

1. 空间的时效性

现代建筑空间的时效性概念体现了使用功能形成的新方法，所谓时效性主要是指一种按时按需分隔空间的组合方式。这种时段性的空间划分往往是从空间的复合表现出发，将不同内容的事和人置于同一空间中，并形成各自相对独立的环境。空间功能不再是单一不变的，而形成多用可变的空间布局，因此形式与设置的巧妙结合是设计的要点之一。例如，屏风、隔断作为划分空间的主要手段，不能简单地处置，应该作为形式构成的关键要点。灵活而又整体的界面关系是设计着重考虑的，这里不但要保持整体空间界面的统一性，还要注重分空间相对独立性和视觉的秩序，总体上在既分又合的使用中寻求一种和谐的关系（图3-1-15）。

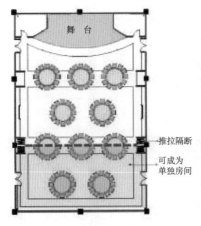

图3-1-15　多功能厅平面和效果图

空间的分与合，顶部是关键。既要保持整体性，又要考虑分合后的效果。

图 3-1-16 隔断的多重作用
一个可推拉的隔断为人们带来了多种使用空间的机会。
（学生王忠锋设计作品）

2. 空间的复合性

"复合"一词在这里指结合的空间使用，其立意是在同一空间中寻求扩展使用空间的可能，并且体现为房间的通用性，而非专用性的理念。这种空间复合体的设计思想，实际上反映了功能的"复合"，即结合使用的空间意图，因而空间形态更倾向于均质化的处理方式。空间形式在考虑了多用的价值之后，可能做出一种可实时调整空间及布局的对策，让空间达到满负荷使用的效果。这种可预见性的设计，实质上是在一个整体空间中预测加入或组织了多种场合或活动（图 3-1-16）。室内环境既赋予了其整体性，又表现了不确定性，一种动态、可变的空间意识成为了设计的焦点。所以，设计者必须考虑操作的便利与巧妙地处理可变性的空间关系，同时还要顾及使用者日后对空间的打理与围护，从而满足不断变化的空间使用。

3.1.2.4 多义空间

在现代建筑空间中，多义空间常表现出模糊与含蓄的空间特征，如空间领域不明确，功能随意而不定，就像是中国传统建筑中的檐下空间，非室内也非室外一样，有着一种空灵的空间特质。因此，多义空间的概念在当今室内空间中出现得比较多，主要表现为不经意的、耐人寻味的空间情景，为人们带来了宽松和随意，同时在空间中具有联系、引伸或过渡的空间特征。

1. 领域的模糊性

多义的空间没有领域的划定和明朗的边界关系，含糊的形式和非界定的范围正是其特征之一。这类空间的优点是一种渗透和延伸，领域之间的边界被融化，从而形成暧昧的空间关系。由此，空间所呈现的更是一种"奉献"，为不时地适应场合的需求而提供时效的空间利用。不完整和动态感构成了室内的多维空间，一种不明确的意向将带来使用的不确定性（图 3-1-17）。

图 3-1-17 左图室内透视图，右图为平面图
一个人的空间仍体现了生活的良好状态。其中空间的多用性和不确定的组织是设计的方法。

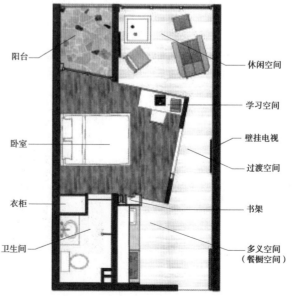

2. 功能的随意性

多义的空间往往表现出功能上的随意和含糊，这种极少利用墙壁来形成的空间内容，多数有着非正式的用途，而且也为多种的空间使用提供了机会。比如在空间中摆上椅子就可能形成一个休息或等候的空间，撤去布置又可能变换为其他，这就意味着存在大量即兴使用空间的机会（图3-1-18）。因此，我们应该意识到多义空间的"多价性"，它的宽泛和高效正是通过随意的、不计划的方式来达到的，空间的潜在用途也就更大。

图 3-1-18 某酒店中厅
空间的"留白"暗示了场地的延展、引介和兼容，与周围环境形成了互补，同时也为人们提供了开展各种活动及聚集的机会。

3. 空间的含蓄性

人们不太在意多义空间的存在，只有人们用到时才会领悟其中的价值，意识到它是多么的便利和自由。多义空间在形态表现方面是含蓄的、意会的，就如同中国传统民居的院子，既是室外的空间，又可以把它视为没有顶的大厅，家庭中的很多大事都可以在此操办。在现代室内空间中，也同样拥有这种看起来空灵、模糊的空间，其实它承载了大量的、复杂的空间信息，一种实体性似乎被消融，继而空间变为了超越物质的精神意象。空间的多义便形成了与人的思维一样的活跃和有机性，空间的状态向非物质的方向发展。

3.1.2.5 视景空间

现代建筑空间表现具有一种可视化的倾向，即强调于"视景空间"的效果。所谓"视景"是指人的视觉所能感受到的景致，它超越了环境界限且有方向上的吸引力。事实上当代建筑空间是一个被复合化的过程，多种因素和综合性内容融为一体的建筑不再可能以简单围合的方式来对待空间问题，而是需要考虑复合性空间形态的构成关系。因此，各种空间的组合变得错综复杂，这迫使设计师必须思考和扩展空间表现的领域。应该说现代室内设计是融入了多种元素在内的一种复合表现，比如利用通透、半通透以及镜面反射的界面处理方式，使室内空间呈现了"屋中有景"的视景效果。这种具有视觉穿透力的室内景观实际上是在建筑中插入了多种形态表现要素的构成手法（图3-1-19）。

图 3-1-19 某高校教学楼室内
空间的视觉景观丰富且具有感染力。

1. 透景空间

从视觉上讲，通透或半通透的空间界面，能够带来空间连续的视觉感受，一种看与被看的情境在空间中得到发展。这种空间效果是室内环境的视景延伸，也是一种吸引人的视觉透景。空间界面关系不再是生硬或僵化的处理方式，而变得富有情趣，巧妙地表达了各个方向的景致。例如，某商场的玻璃隔断（图3-1-20），既是空间的划分，又是抽象图案构成的屏障，在空间中为人们提示隔断背后内容的同时，也体现了良好的视觉引导，空间层次也因为这片半通透的隔断得到了视觉上的连续。

2. 错觉空间

室内镜面反映的是一种视觉虚像，它所形成十分有趣的错觉情境，具有扩展空间的视觉效果。这种空间界面的处理手段，有时在一些狭小的空间中能够起到柔化环境、增强虚幻空间层次的作用，弥补空间窄小所带来的不利，从而空间尺度感在视觉上获得延展（图3-1-21）。除此之外，整体墙画也能够获得相同的效果，并达到一种身临其境和视觉的愉悦感。

图 3-1-20　某商场室内

透景犹如步入室外一样，一种步移景异的视觉效果，生动而有趣。

图 3-1-21　某酒店客房卫生间

虚幻的错觉是空间设计的一种手法，其要旨在于合适而不能过分，否则会适得其反。

3.1.2.6　寓意空间

空间的界定不一定就是以墙体为界的划分，而使用象征性的空间界定的方法可能具有一种寓意性的表达，其所形成的"内"与"外"的领地效果更体现为设计的某些立意。这种在开放空间中"分而不围"的布置，是一种可参与的场地，实质上是保持了空间整体性的同时，为一个或多个场景的设置提供了可能。空间因此变得生动而富有意趣，并构成了各不相同的情景空间。

1. 明确的界定

利用地面下沉或抬起的方式，都能产生明确的空间界定关系。下沉式的空间安定而谦和，属于"抑"的空间概念；地台式的空间则形成边界十分明确，其情景与周围有着较为突出的视觉效果，属于"扬"的空间概念（图3-1-22）。二者无论是下沉还是抬起都有明确的边界关系，形成相对独立的"内"，尽管空间关系上没有明确的进与出，但是你仍然会感到自己是在"外部"。一种公共领域"内"与"外"的概念被设计的手段所界定。

2. 象征的界定

在地面上铺设一块地毯或者通过材质的变化来强调领域的界定是最具象征意义的设计手段，也是最简单的空间组织方式之一。这种方法会使人感到特有与公共领地之间的硬性划分消失，

图 3-1-22　某酒店休闲中厅

两步台阶意味着领域的划定，并形成明确的边界，一种不同领地的表达清晰明了。

继而变得松弛而不经意。一种可进入感也不明显，内与外的关系似乎不再存在，但是在环境布置中仍然会有所提示，通过家具的组合布置并结合铺设或者某些象征性的表现来传达场地的立意及领地的界定（图3-1-23）。

3.2 营造室内环境

环境可以被看作是有序的关系组合，即物与物、事与人、人与人之间的一系列联系。我们对于环境的评价基本上是受意象与观念的影响，并着重于个人体验及其联想的事物。环境从某种意义上讲，是"对空间、时间、意义与交流的组织"，[8]它所反映的是人们生活及行为在物质条件下的建成环境。建筑空间作为一种环境，是人文与科技并存关系的一种混合属性，也是人工化、智能化和信息化的产物。

图 3-1-23 格雷夫斯，克朗美国公司办公楼室内圆厅
地毯在此具有界定空间的意义，一种寓意性的空间表现手法。

3.2.1 人为的环境

建筑空间是一个高度人工化的环境，它"不是一种事物与人的任意拼凑"，[9]是着眼于人们行为以及生活场合的营造。事实上，建筑空间环境并无什么玄奥之处，"其全部复杂性在于人与建筑空间之间的基本关系：人生活于其中，融汇于其中，积极地参与于其中。"[10]因此，建筑空间环境不是"实"的那部分，而是对"虚"的计划，即一种环境秩序的建立，就如同一个语句的通达性在于有序的句法组合，它既是一个完整的句子，又有各自的词义关系。室内环境也正是基于一种语义的系列表现，它代表了物质空间、心理与生理空间之间的和谐。

3.2.1.1 秩序的环境

秩序是一种有条理的、不紊乱的客观存在，它维系着自然生态发展的平衡，人类对此有着广泛的认知。在人工环境中，秩序指导了我们行动的空间方向，或者说，方向感包含着可感知的各种秩序的关系，如高与低、近与远、明与暗、连续与断开，以及属于时间范畴的前与后等，这些因素都具有形式的视觉引导的作用。然而，秩序中的"意外"能够引起我们的注意，产生视觉或听觉的"亮点"，这正是形式的趣味所在，一种变化的"混乱"可能也是秩序。

1. 空间的秩序

人的活动都是在时空环境中体现为一系列的过程。任何事件的发生总是与时间、空间有关，它意味着占据了场所。然而，这种活动的过程都受到环境的制约，或者形成一定的行为模式，例如学生进入食堂，基本上是排队买饭、就餐、洗碗，然后离开，这一过程体现为一般性的行为模式。因此，空间的安排主要体现为起、承、转、合的空间序列关系，就如同一部完整的音乐作品，有序曲、主题、变化、高潮和尾声一样，赋有明确的节奏和旋律。建筑空间也是如此，空间是一个连续发展的过程，它既有整体性，又有丰富的变化，最终给人一种整体印象深刻，且富有感染力的设计体验（图3-2-1）。

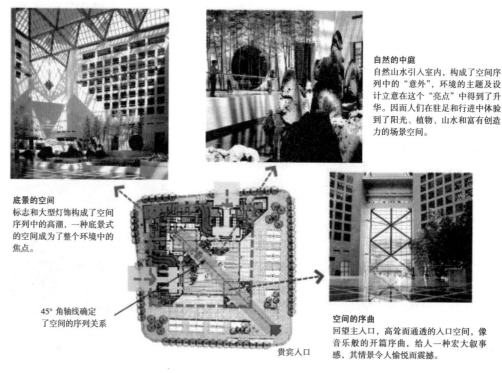

自然的中庭
自然山水引入室内，构成了空间序列中的"意外"，环境的主题及设计立意在这个"亮点"中得到了升华。因而人们在驻足和行进中体验到了阳光、植物、山水和富有创造力的场景空间。

底景的空间
标志和大型灯饰构成了空间序列中的高潮，一种底景式的空间成为了整个环境中的焦点。

45°角轴线确定
了空间的序列关系

空间的序曲
回望主入口，高耸而通透的入口空间，像音乐般的开篇序曲，给人一种宏大叙事感，其情景令人愉悦而震撼。

贵宾入口

图 3-2-1　北京中国银行总行大厦大厅，一层平面
贵宾入口的定位构成了一种对角的空间序列，空间层次的丰富在于场景的布置，焦点空间明显置于大厅的中后部。
（平面分析为笔者绘制）

　　不同的空间序列布置，会产生不同的行为过程及感受，因而空间序列设计不是简单的排列空间，应该考虑人的行为心理及多样悦人的问题。如果空间序列趋于一般化，被人们预期到了，那就不会被人们所关注，环境也不会有吸引力，这就是说，"预期到的就是'多余的'。"[11] 因此，影响空间序列的关键在于规则变化中的意外"中断"，所谓中断就是"从秩序过渡到非秩序或非秩序过渡到秩序时所受到的震动"。[12] 正是这种震动感像磁铁一样吸引着我们的眼睛，在环境中成为"亮点"。当然，在处理这类问题时还应该与建筑的类型结合，以建筑所要表达的主题为目标，如观展、休闲类建筑，往往表达一种宽松、趣味和生动的效果，空间序列应注重层次的变化和富有节奏的布局，焦点空间常放在偏中后，以此给人一种激励前进的动力。对于办公、教学或交通之类建筑，则要求简明且有清晰的线路，因为空间序列不只是一种空间表现的手段，它实质上是空间的引导，所以空间的导向性是主要目的（图 3-2-2）。假如空间失去了良好的导向、简明的线路的话，那么，这个空间就会给人一种迷茫和混乱，空间序列就会失去意义。

2. 时间的秩序

　　人既生活在空间中，也生活在时间里，因而环境也是时间的。而时间在某种意义上又可以成为一种表现的状态，比如拔河运动就是一项极赋有时间秩序的例证。这种合力的运动正是以节奏的、协调同步的动作及行为表现为一种时间的状态，而在空

图 3-2-2　北京西客站二层候车大厅
简明的空间导向为人们带来了便捷。然而其出站大厅的空间序列就显得有些迷茫。

间中这种时间的状态则可以理解为秩序的概念。我们因空间而聚合，也因时间而会聚，因此空间秩序应该考虑时间因素。比如某些办公的地方，由于不是坐班制，大家平时见面很少，只有到了集合日才都到办公室来，就有了"定期性会聚"的概念。问题是空间高峰期的出现，给电梯、走廊和办公室等空间带来了超负荷的使用，环境中人员熙攘，显得非常拥挤，而在平时不是这种情景，办公室等空间多为空闲，使用效率很低。从这件事例告诉我们，空间秩序不是单纯的序列安排或者看似合理的功能组合，其实远比想象得要复杂。空间秩序不仅承担着因时间汇聚的人们，而且也涉及到空间的负载和空间时效性的利用，换言之，时间秩序关注于空间和谐的状态，即空间与时间的合理分配及协调使用的问题。

3. 形态的秩序

空间形态是一种组织的艺术，即通过一些简单结构的有机组合来强调空间秩序中巧妙的构图变化和形式的脉络关系及可适应性。例如在室内空间中，规整几何形给人明了而稳定的视觉秩序，而以曲面或非规则形式组成的空间则有引人入胜的效果，二者代表了不同的设计思路，不能简单地评价其好与坏（图3-2-3）。我们可以认为规则结构与不规则结构之间的审美来自于"对某种介于乏味和杂乱之间的图案的观赏"，[13]因而形态的秩序应该能够清楚地解释形式的结构与人们视知觉之间相互联系的协调性。那些过于清晰的形式会让人感到单调乏味，反之，则会使我们感到厌倦，因为它已超出了人们的知觉范围而采取了一种排斥的态度。同理，过分的装饰或华丽也会成为一种浮夸和炫耀，同样会令人反感。简朴与自然，虽缺少修饰，但以其真诚和明了使人感到愉快。因此，我们必须注意装饰的不同动机，正像E.H.贡布里希在他的《秩序感》著作中所描述的那样："如果装饰被看做是庆祝的一种形式，那么只有装饰得不恰当时，才是应该反对的。"[14]这就说明良好的形态秩序在于"恰当"与"不恰当"的关系把握，而不是有无装饰。显然，今天我们正处在理念与审美自由交织的时代，形式与秩序的矛盾性在当下表现得尤为突显。一种冲动的、复杂化的力量正在塑造着我们的环境，而秩序中的非理性意识成为了人们共同的兴趣。形态的秩序正以众多变换的形式而充分地展现着，满足于社会的各种欲望，一种文化的时尚也得益于这样产生的秩序。但是不管如何，对空间形态的处理，无论是构图还是构成都应该注重简单与丰富之间的把握。固然，单调的形式难以引人入胜，而过于复杂的形式则令人困惑，因此"统一中有变化与变化中求统一"是形态秩序遵循的一个原则。

图3-2-3 餐厅雅间效果图和国外某商业空间
规则与非规则的室内同样能够创造一种良好的氛围，其要旨在于把握空间的特质及人的空间。

3.2.1.2 物理的环境

人们越来越习惯于人工化环境中生活，对于生活的舒适与方便所达成的共识，无论是过去，还是现在都从未停止过对生活改善所作出的努力，并从中获得了不少的实惠。今天人们对室内环境的舒适与健康的认知，已与过去不能同日而语，环境质量更多地与人体健康和建成环境性能相关的科学、技术和服务设施等有关，主要体现在采光、隔声、供热、通风、照明、供水、污染等物理方面的控制与把握。

1. 环境舒适度

对于室内环境来说，舒适度可能是最为重要的技术指标之一，因为舒适的问题是关系到人的生理机能、心理和精神状态方面的好与坏。应该说，一个好的环境能够使人心情舒畅而适宜，有益身心健康的发展。面对于一个较差的环境，人的身心状态必然会受其影响，如噪声问题。对于一个需要安静的房间，如果不能保持安静的效果，传来了街上的汽车声或孩子们的喧闹声，那么你的心情将会如何呢，是不言而喻的。然而，听觉又可以得到眼睛所看不到的信息，有时窗外传来悦耳的歌声或远处的钟声，都能把你带入一种遐想，或者引起你的一种思念等。这些都说明了环境影响人的心境和情绪是来自于多方面的，而设计是权衡了各种因素之后做出的一种决策。像音乐厅空间，声音可能比视线更重要，因为它是聆听音乐的场所，所以混响时间的控制是空间设计中一个非常重要的技术指标，它关系到环境品质和人们舒适度的问题。当然不仅于此，人们对环境感到舒适与否是一个复杂的评判过程，涉及的因素众多，而且与个人的生活习惯及文化背景有关。所以，室内环境的舒适度不仅仅是帮助人的生理与心理达到最为适宜的状态，还在于实用、方便和效率。在室内设计中，舒适度在物理方面基本上体现为温度、湿度、声环境与光环境四种因素，具体的控制范围见下式所示。

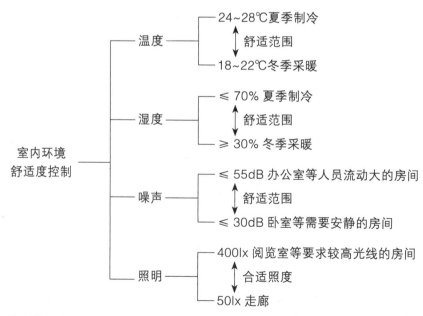

室内环境
舒适度控制
- 温度
  - 24~28℃夏季制冷
    - 舒适范围
  - 18~22℃冬季采暖
- 湿度
  - ≤ 70% 夏季制冷
    - 舒适范围
  - ≥ 30% 冬季采暖
- 噪声
  - ≤ 55dB 办公室等人员流动大的房间
    - 舒适范围
  - ≤ 30dB 卧室等需要安静的房间
- 照明
  - 400lx 阅览室等要求较高光线的房间
    - 合适照度
  - 50lx 走廊

2. 健康的环境

室内空气质量对使用者尤为重要，因为人一生大约有三分之二的时间需要在室内度过，所以环境的健康是关系到人的生活质量的问题。如果室内空气受到了污染，且新鲜空气不足，就有可能引发人体的各种疾病。虽然事实是没有哪个因素可以单独导致疾病的，但是低空气质量的室内无论如何也不能成为健康、有益的环境。因此，改善室内环境不仅仅是从视觉秩序方面考虑，而且科技含量与节能绿色是重要的指标，其中室内空气污染、化学污染物、微生物以及由于装修引起的材料污染等都是影响健康环境的重要问题，并引起了社会的普遍关注。为此，国家专门制定了相关的规范及标准，如 GB 50325—2001《民用建筑工程室内环境污染控制规范》、《健康住宅建设技术要点》等一系列保障人们健康、安全的法规及条例，以此作为设计的重要科技依据。

健康的环境有着广泛的含义，其中合理安排各种功能空间、设置交往活动空间、尊重个人隐私并保证其私密空间以及关注人们活动的公共性与社会性等都是健康环境研究的范畴。同时，社会环境的健康性也是不可忽视的方面，因为人是社会中的人，把个人需求与社会的存在相联系，其本身就在环境中建立善意、安全与和谐。所以，健康环境注重"居住——健身——健康——生活"的发展过程。

3.2.2 行为的环境

人的行为多少会受到环境氛围的影响，不管你进入了一个熟悉的环境，还是到了一个陌生的环境，你都会因为气氛的不同而随时调整自己的举止，这就是环境设置的约束力。环境的设置不仅是物质的，还是氛围的、场合的，如同荷兰建筑师阿尔多·范·艾克曾说过的，空间在人的概念中就是场所，而时间在人的概念中就是场合。人既可以遵守这种环境的设置，也可以不理会环境。问题是人们怎样去认知环境的设置，就如同我们如何去理解他人一样。说到底，环境的设置就是一种人际关系的维系，因此一套社交的规范必然与环境的设置有关。我们需要空间与环境的特质，以此用来规范我们的行为。

3.2.2.1 可读的环境

建成环境应该是提供了各种服务和设施的，且能够给人以明确指向和细致入微的安排，让使用者或来访者能够与环境形成非言语的交流。很明显，空间设计的一个重要方面就是创造一个可阅读的、一种有利于我们行事的环境。不管环境有多么庞杂，就其环境的可识别性对我们来讲是十分重要的。正当一个人进入新的环境，需要的是明辨环境的特征，因为这将是调整自我举止和状态的重要线索，因而将环境足够清楚地标识出来，使人们在行为举止上做到心中有数，是对人的行为的最好关注。

1. 环境的设定

营造空间的目的不是空间本身要有多么动人，而是在于我们彼此之间的关系，即人与人的关系。空间环境的好与坏，关系到人与人之间能否和睦相处和促进交流。因此，环境的设置是一项认真而深入的设计，远比那些装饰和图案要重要得多。比如就拿银行营业厅的环境设计来说，一米安全线和红色拦线，就是环境设置的标识，它告诫了人们要遵守公共秩序，以此来维系人与人之间的相互尊重和行为操守（图3-2-4）。营业厅里的很多设置看似普通，并不被人们所注意，但只有当你感到不快时才会意识到它的存在意义。所以，在室内设计中，这些大量的、与装饰无关的设计才是为人而设的，也是真正意义上的以人为本的设计。

生活的经历可能会给我们提供更多的设计线索，比如，当你走进一个公共环境中，你很快会看到一种环境的布局，并且读出其中设置的一些意味，知道自己该如何去做，你也许会对眼前的场景感到亲切和愉悦。就像今天很多服务性场所的柜台降低了尺度，而且摆上了坐椅，一种惬意的氛围油然而生，以此服务与被服务之间的关系被拉近，双方因此建立起了一种融洽和平等的机制（图3-2-5）。这种空间情景在银行、酒店以及票证服务厅等场所中的出现，说明了人们依靠空间去营造一种适宜的环境，并且告诉人们环境是温暖的，充满着人性的关怀。

图 3-2-4　某银行营业厅服务台

环境设置是一种非言语的交流，比装饰更重要。这种看似不是设计，实则就是设计。

图 3-2-5　某酒店大堂总服务台

台面降低表明了一种关怀意识的增强。

2. 环境的识别

在现实环境中，每个人都扮演着不同的角色，而且角色的互换也是随着环境的不同而改变，比如当你走进一个非常讲究看起来又非常豪华的场所时，你的举止一定会与进入一个普通场所有所不同，你会意识到此刻的环境氛围要求你文雅而端庄，否则你的面子会过不去。这就说明环境具有调整人们行为状态的功能，人也正是从环境的刺激中得到信息，从而发展为对环境的一种认知。正因为如此，我们所强调的环境识别性也多是从心理分析的角度来看的，人们需要对各种环境有一个辨别力，以此来获取内心的安定感。所以，创造和保持环境的识别性是人的一种心理需求。

人们之所以在日常生活的环境中要体现个性，强调自明性，实际上就是在寻求一种"差别感"。这种差别性正是能够存留个性的世界，并表达自我的存在，这应该算是一种意识的保护。因此，我们在做环境设计时所关注的个性，绝不应该是设计师本人的好恶，而更多地是对他人的心理需求和对环境可识别的理解。只有这样，设计才是为他人的，而不是设计师强调的风格与图式的摆弄。

3.2.2.2　适宜的行为

一个空间是否创造了适宜的行为，主要在于空间环境与其行为者所从事活动的形式和内容是否协调，这里包括为行为者提供恰当的设施、服务以及未来行为的适应能力。对于普通人而言，适宜的环境就是"好用"，方便而自如，所以，"适宜"具有舒适、满意和效率的含义，同时与健康、安全等有着内在的关联。适宜的行为在某种意义上既有适应人的行为轨迹，又有强调环境感化和改变人的行为的作用。使用者想到的，设计想到了，使用者没有想到的，设计也想到了。

1. 行为的安全

人们对于好的环境的评判，常常是心照不宣，而对于一个不好的环境，则马上会作出反应，例如由于室内地面不平整而造成的踉跄，或者带来的尴尬等，这些都会受到行为者的指责和抱怨。因而，在现实环境中经常是设计的一些疏忽，使行为者感到不自在、皱眉头、迟疑和叹气。值得注意的是，这些迹象表明设计者多半是关注环境的形式、风格的表现，忽略了人们应有享受良好环境的权利。比如我们经常在很多场合中看到"小心碰头"、

"小心滑倒"的提示语，这看似是一种关心，但实则是设计的失误（图 3-2-6）。一个好的设计不应该只注重大体的效果，还应该关注细节的处理。特别是在设计中应该关心老年人、儿童以及残疾人的行为，看环境是否会给他们带来危险和伤害，通道是否流畅、平坦等。故此，在室内空间设计中，行为的安全问题不容忽视，特别是一些细枝末节上，诸如地板是否很滑、墙角过尖是否会伤到孩子，还有玻璃是否安全等等，这些都关系到一种适宜还是不适宜的问题。

2. 社交的行为

每一种环境或者说场所都有其行为的特质，而环境不只是提示行为同时也限制行为。例如，学校课堂是一种教与学的场合，它的环境特性就限制了人的某些行为，要求师生的举止与教学相匹配，无论在衣着、仪表、姿态和讲话上都应该形成课堂行为的秩序，而下课后的行为举止又还原到了放松的状态。所以，"行为"并非一成不变地套用原有的方式于不同的环境中，通常是受到各种环境条件的制约，形成社交性的行为规范。这种"社交行为"的普遍性在于涉及了一种空间关系学，彼此间所反映的是我们所扮演的各自不同的角色。

很显然，现代生活中的社交行为是一种"对立"性，也就是说，相互之间是"互动对峙"的，需要保持"自我的位置"。比如一些会议、谈判空间中的相互尊重、很有节制的举止行为，表达了双方希望平等而坐，保持一种空间关系学上的"对立"角色，同时也希望在互动中能够消除对峙的感觉，更多地体现一种"合作"或"共存"。[15] 因此，空间环境的布置就有了促进或抑制人们这种"交谈"的功效（图 3-2-7）。

图 3-2-6 某餐厅楼梯处
用文字或标牌来提示人们注意"小心碰头"，不是好设计，起码是一种考虑不周。

图 3-2-7 某会议室
会议室布置应考虑社交距离的原则，保持空间的平等关系。

3. 感化的行为

室内虽为物质性的，但其空间形式与人的行为相关联，因而构成了环境的主体。或者说，物质性的空间形式在这里起"感化"的作用，而人的行为则表现为一种"接受"与"不接受"的心理过程。从这个意义上讲，环境中的布置隐含着一种行为范式，即规范你的行为，约制你的习惯，使你的举止复合公众的利益等。这些作为社会环境因素的"行为场所"，实际上在人们参与其中就已经受到教化。试想在一个铺设了地毯且很是讲究的场所里，你忍心往地上吐痰、扔脏物吗？你会不顾及环境而大喊大叫吗？我想不会有人愿意这么做的，因为环境的氛围已经告诉他该如何行为和举止。所以，环境的设计必然涉及对使用者行为模式的分析与研究，从不同人的行为方式中探求来自各种行为模式和思想观念的不同，从而求得环境意义不是简单的、一般性的，而是具体的、感化的行为空间（图3-2-8）。

图 3-2-8　某西餐厅

优雅的环境氛围能够使我们尊重环境，并享受环境的舒适。

3.2.2.3　行为的距离

人们对距离的认知分为身体距离和心理距离，人类学家爱德华·T·霍尔把人们在环境中的活动基本上分为四种距离，即亲密距离、个人距离、社交距离和公共距离（图3-2-9）。在现实环境中，身体距离是以身体为基础来感受空间尺度和变化，彼此之间应该保持多大距离合适，可能会通过人的知觉器官（如眼、耳、鼻）来形成量度关系。心理距离顾及得是心理感觉，是个人心理防卫的表现，因此在与他人接触时会做出保护性的动作，以保持心理上的距离感。上述的这些距离实际上具有调节相互关系的强度，保持融洽的交往氛围等意义，同时还是环境设计的一个重要研究领域。

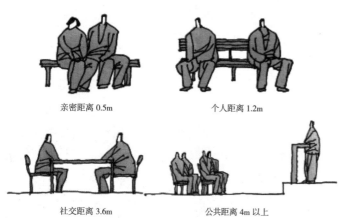

亲密距离 0.5m　　个人距离 1.2m

社交距离 3.6m　　公共距离 4m 以上

图 3-2-9　人际交流的四种距离

1. 亲密距离

亲密距离可以说是消除了个人心理防卫的、示爱的距离，或者说仅有特定关系的人才能使用的空间距离。霍尔把这种距离定为 0 ~ 0.5m 的尺度范围，使我们能够感受到这种尺度范围可增进相互交往的强度。在这种距离中，人们会感受到一种亲切的环境氛围，彼此之间靠拢的很紧密，说话声音也会变得窃窃私语。在公共空间中，这种亲密距离则表现得随机而自由，支配其行为的动机往往是因环境的条件而形成的，当然也有不合时宜的两个人过于亲密的情景发生，这是例外。但是不管如何，环境布置仍然要考虑人们的兴致与情感融洽的问题。对于室内环境来说，营造亲切距离的环境空间，不是简单地拉近坐椅的一种摆布，而是在于空间尺度、光线及形式组合等要素的把握（图3-2-10）。特别是"看与被看"的关系处理上要考虑公共中的"私密性"，一种安定而能够避开他人凝视的空间关系是恰当的。

当然，这种极近的距离有时也未必是亲近的缘故，而是无奈之举，例如在拥挤的公交车或火车上，还有在上下班高峰时的电梯里人们挤在一起，彼此陌生而尴尬。此时还有谁会要求保持距离呢，完全处于不情愿但又需自我忍耐的状态之中（图3-2-11）。由此，我们可以感觉到人际关系在空间中的变换与复杂，同时也能够看到人们在面对不同环境下的心态的自我调节并很快适应于环境的能力。

图3-2-10 某酒吧

营造亲密不只是尺度拉近，光线变暗也能够有一定的效果。

图3-2-11 列车上

人挤人是一种无奈，但通过避开他人的目光，保持着个人的心理距离。

2. 个人距离

个人距离是适合于亲朋好友交谈的空间，其范围大约在1.2m左右。这种距离在公共环境中最为普遍，且是可以被接受的最小距离。虽然彼此之间的面目表情和细节动作都在眼里，但是与亲密距离相比还是保持着一种距离，这就是我们所说的"心理距离"，一种得到围护的防卫心理。即便有时在比较拥挤的环境中，这种防卫心理也可以通过人们转移视线的方式来达到，与对方始终保持一种"距离感"。因此，个人距离是一种可交往的距离，对于陌生人也能够彼此认同，如医生与病人、售货员与顾客以及一些服务性的工作等，这些都具有近距离接触和交流的可能，彼此之间融洽和善意（图3-2-12）。这里重要的是双方都明确了对心理距离的维护，并且建立了相互之间的认同机制。

图3-2-12 某银行营业厅

在公共场合中，个人距离受到重视，相互间保持着友善。而环境的设置能够起到积极的作用。

3. 社交距离

社交距离是人们正式交往所需要的距离，其尺度范围在1.2～4m。这种交往距离虽是面对面的，但彼此之间会感到几分的彬彬有礼和场面的正式感，像商务谈判、会议以及迎宾会客等场合都是使用这种距离。在日常工作场景中，人们也经常会用这种距离讨论和接待来访者。由此我们可以感到，社交距离保持着平等的机制，相互间的交往是以不失礼节为原则，相互尊重和理解，并且会共同维护由环境带来的友好氛围。显然，我们在室内设计中应该注重和理解这种交往距离的含义，如会议室或会客厅应该考虑平等、和谐的环境布局，家具选配及布置尽可能做到均匀整齐，室内气氛以中性为好，这样使整体环境形成均质化的行为场景，以适应不同场合不同人们的需求。

现代公共建筑中的社交行为是明显的，也是多样而复杂的，大家聚集在一起犹如一个微缩的社会。可以说在同一场所中存在着多重距离的复杂关系，而这些距离则表现出了人际关系的不同及相互间所发展的程度。像歌舞厅、酒吧、酒店大堂和一些商业建筑空间，虽为人们社交活动的场所，但就其场所性质和空间形式来看，多种交往的方式和距离就已并存于同一环境之中，人们各自的活动既分散又随意，构成了复杂而多样的空间场景。然而室内环境设计实际上在促使或调节人际间交往的程度，同时也为人们各种不同的交往创造了适宜的环境（图3-2-13）。所以，设计不是针对某一种距离的相互关系或某种活动的，而是要为不同人群的不同关系而考虑，为不同事件拥有相对于他们各自的空间与环境而设想，因而需要以多重距离、多重场景的原则来设计环境。

图 3-2-13 某酒店大堂堂吧
在同一空间中设计不同的尺度、距离，以此满足人们不同的行为需求。

4. 公共距离

在某些特定的场合中，我们以观众或一般人员的身份参与其中，聆听、观看某种演讲或演出等，这种场合的观众与主讲人或演出者所保持的距离，霍尔称之为是一种公共距离，一般在大于 4m 以上。处于这个范围内的中心人物，其讲话的声音和动作幅度都要比平时夸大，目的是为了让其他人能够听清楚、看清楚，而观众则需要保持平静的状态，以此形成相互呼应的会场秩序。这种忽视了他人距离的场景，同时要注重主从关系的表达，比如舞台的高度、与观众席的间距以及观众席座位的摆放方式等。灯光、音响等设施也有助于公共距离关系更为明确而清晰，例如，可以通过提高舞台灯光，压低观众席的光线来加强距离感；也可以通过扩音设施使台上的声音大于台下窃窃私语的嘈杂声等，这些都能使演讲者与观众之间形成一种必须有的距离，从而使特定的场合拥有良好的环境秩序和氛围。因此，在公共建筑空间中，一些特定性质的场合需要使用公共距离的布置方式，如报告厅、演艺厅以及学校的阶梯教室等，这类场所不只是在空间布局上注重场所的性质，而且在灯光、音响及其他设施上也考虑了环境的特性。当然，也有在一般空间中为某一正式的仪式或会议组织临时性的专门场合。这种设计会根据事件的性质、与会者相互接触的密切程度，来确定具体的环境布局，不过其中的布置方式仍然是遵循着公共距离的原则而确定的（图3-2-14）。

图 3-2-14 某酒店中庭举行的年会
会场的布置反映了人们交往的方
式及强度。

　　显然，我们通过对室内环境的分析与研究，就能够发现室内设计不只是专注于那些看得见的形态组织，或者，我们称之为的形式空间，而且还包含了一整套有目的的行为。就像医院在一般人眼里就是治病的场所，它的技术性和医疗设备可能是最被人们所关注的。其实，医院除了对病情治疗还有康复的意义，因而治疗是技术性的，康复则是一种对人的关怀。室内设计也应如此，我们不仅要重视人的各种行为，同时还要对引起行为的心理变化的特别关注。这里关乎人们的感觉、反应和意愿，甚至人们是否愿意接受设计的提示，以及那些设计的指令与生活方式关联性如何等，最终的目的在于构成整体的和谐环境，而非一种视觉的图式效果。

本章参考文献

［1］［意］布鲁诺·赛维著. 建筑空间论［M］. 张似赞译. 北京：中国建筑工业出版社，1985：11.

［2］［意］阿尔多·罗西著. 城市建筑学［M］. 黄士钧译. 北京：中国建筑工业出版社，2006：71.

［3］苏格兰国会大厦，爱丁堡，苏格兰［J］. 世界建筑，12/2004.

［4］、［5］、［6］、［9］［美］阿摩斯·拉普卜特著. 建成环境的意义［M］. 黄兰谷等译. 北京：中国建筑工业出版社，1992：55、85、9、165.

［7］［荷］赫曼·赫茨伯格著. 建筑教程：设计原理［M］. 仲德崑译. 天津：天津大学出版社，2003：150.

［8］［美］阿摩斯·拉普卜特著. 文化特性与建筑设计［M］. 常青等译. 北京：中国建筑工业出版社，2004：21.

［10］陈伯冲著. 建筑形式论［M］. 北京：中国建筑工业出版社，1996：147.

［11］~［14］［英］E·H·贡布里希著. 秩序感［M］. 杨思梁，徐一维译. 杭州：浙江摄影出版社，1987：18、197、18、36.

［15］［英］布莱恩·劳森著. 空间的语言［M］. 杨青娟等译. 北京：中国建筑工业出版社，2003：142 ~ 145.

本章图片来源

图 3-1-4：《世界建筑》，大厅 04/2006，平面 12/2004。

图 3-1-5：《诺曼·福斯特》，中国建筑工业出版社，1999。

图 3-1-10：《世界建筑》，02/2000。

图 3-1-21：ABBS 论坛。

图 3-1-23：《大师足迹》，百通集团，中国建筑工业出版社，1998。

图 3-2-1：《建筑学报》，2002.6. 右下侧图片：ABBS 论坛。

图 3-2-3（b）：《世界建筑》，04/2004。

其余图片除注明外，均为笔者拍摄和提供。

Unit 4

第4章　室内空间的素材

● 设计师是空间情绪的创造者，也是控制者，一切在于各种设计素材的组织与应用。

● 尺度、材质、色彩和光影在空间中就如同烹饪中的调料一般，调节着室内的整体气氛和品
　位，为人们提供了环境的舒适与惬意。

● 空间如果是有意志的话，那么设计的素材便是传达意志的最有力的途径。

● 室内设计的技术性在于对物质要素的理解和把握，而艺术性则来自于设计师内心的审美感
　悟和一种独创性的表达。

4.1 尺度与空间

　　人们对尺度的认识是与生俱来的，就像胎儿在未出生时就有着内在的尺度感觉，可以说子宫是人类最初的现实环境，因而在我们的身体内觉中就存在着一种空间及尺度的感觉框架。人们来到了这个立体世界，看到万物一切，包括我们自身在内都有着长、宽、高的度量关系，一种度量的因素构成了我们对现实世界的尺度与空间的认知。然而，这种度量的感受只有当你闭上眼睛时，可能会消失其立体性，不过在你的心理内觉中，仍然保持着与外部世界相连的空间认知。我们经常会通过眼睛来目测所见到的事物，判断它的大小和距离，有时也会以听觉及其他感觉器官来推测并没有看见的事物的远近关系，因而人的这种内在尺度感不完全依赖于视觉，还有依于心理的某种感应，这就是人的感觉所在。所以，我们会把客观现实及事物的形状与大小存储于记忆中，以便与我们的内在感觉联系起来，构成一个内外相联系的感受机体。

4.1.1　人体与家具尺度

　　尺度是以人的视觉感受为基点，判断事物大小印象和其真实比例之间的关系，比如对于人体的胖与瘦、高与低，我们平时总是用目测来作出判断，并非是测量数据的结果。这些与视觉感受有关的尺度，实际上是用比例来衡量的一种关系，或者说是以对比方式的一种视觉判断。所以，谈论尺度就必然涉及比例的问题，而比例主要表现为事物的各部分数值关系之比，如整体与局部、局部与局部的比较，是一种相对的关系，就像黄金分割律，长与宽的比值（1∶0.618）构成了图形的最佳效果。尺度则是在事物形式相比中感受一种得当与不得当，像一把椅子的尺度就是以人体尺度来衡量其合适与否，所以，它不只是事物大小的尺寸概念，而且涉及到了与人体比例之间的一种联系。

4.1.1.1　人体的尺度

　　人体尺度可分为静态与动态的尺寸关系，即人体构造上的尺寸，如头、躯干和四肢等都是在标准状态下测量的具有静态性，而在人的动作状态下测量的则称为是动态的尺寸。与前者相比，后者对设计而言更有用处，也较为复杂，因为动态尺寸是一种设计的尺寸，静态尺寸则是设计的基础数据。不了解人体的静态尺寸，就不可能掌握动态尺寸，也不会设计出真正符合人体尺度的空间与环境。就此而言，我们对人体尺寸的研究不是枯燥的数字概念，而是功能方面的，是人的活动与空间关系的和谐把握。空间中的一些尺度都应该取决于人体尺寸的关系，诸如栏杆、踏步、扶手和坐面等都是为适应人体的尺度而设定的，基本上是保持着常规不变的尺寸关系。

　　1. 人体构造尺寸

　　人体尺寸测量的内容很多，就室内设计来看，最有用处的是10项人体构造的尺寸，如"身高、体重、坐高、臀部—膝盖长度、臀部宽度、膝盖和膝腘高度、大腿厚度、臀部—膝腘长度、坐时两肘之间的宽度"，[1]这些部位的尺寸与设计有着紧密的联系。诸如家具、陈设和人所使用的一切设施等都与人体尺寸有关联，因此设计者不仅仅只关注本书中提到的这些数据，还可以根据需要查阅 GB/T 10000—88《中国成年人人体尺寸》和 GB/T 13547—92《工作空间人体尺寸》等国家标准。这些标准是根据人类功效学要求提供了我国成年人人体尺寸的基础数据，并成为了各类设计的重要参考依据。下面就人体各种姿态的构造尺寸做一简要介绍和图解，以帮助我们理解人体尺寸对设计的影响。

（1）人体主要尺寸：身高、上臂长、前臂长、大腿长、小腿长、体重，各组数据见表4-1-1和图4-1-1。

表4-1-1　　　　　　　人 体 主 要 尺 寸

年龄分组 测量项目 百分位数（mm）	18～60岁（男）							18～55岁（女）						
	1	5	10	50	90	95	99	1	5	10	50	90	95	99
1. 身高	1543	1583	1604	1678	1754	1775	1814	1449	1484	1503	1570	1640	1659	1697
2. 上臂长	279	289	294	313	333	338	349	252	262	267	284	303	308	319
3. 前臂长	206	216	220	237	253	258	268	185	193	198	213	229	234	242
4. 大腿长	413	428	436	465	496	505	523	387	402	410	438	467	476	494
5. 小腿长	324	338	344	369	396	403	419	300	313	319	344	370	376	390
6. 体重（kg）	44	48	50	59	71	75	83	39	42	44	52	63	66	74

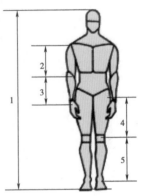

图4-1-1　人体主要尺寸及部位

（2）立姿人体尺寸：眼高、肩高、肘高、手功能高、会阴高、胫骨点高，各组数据见表4-1-2和图4-1-2。

表4-1-2　　　　　　　立 姿 人 体 尺 寸

年龄分组 测量项目 百分位数（mm）	18～60岁（男）							18～55岁（女）						
	1	5	10	50	90	95	99	1	5	10	50	90	95	99
1. 眼高	1436	1474	1495	1568	1643	1664	1705	1337	1371	1388	1454	1522	1541	1579
2. 肩高	1244	1281	1299	1367	1435	1455	1494	1166	1195	1211	1271	1333	1350	1385
3. 肘高	925	954	968	1024	1079	1096	1128	873	899	913	960	1009	1023	1050
4. 手功能高	656	680	693	741	787	801	828	630	650	662	704	746	757	778
5. 会阴高	701	728	741	790	840	856	887	648	673	686	732	779	792	819
6. 胫骨点高	394	409	417	444	472	481	498	363	377	384	410	437	444	459

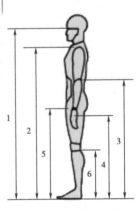

图4-1-2　立姿人体尺寸及部位

（3）坐姿人体尺寸：坐高、坐姿颈椎点高、坐姿眼高、坐姿肩高、坐姿肘高、坐姿大腿厚、坐姿膝高、小腿加足高、坐深、臀膝距，各组数据见表4-1-3和图4-1-3。

表4-1-3　　　　　　　坐 姿 人 体 尺 寸

年龄分组 测量项目 百分位数（mm）	18～60岁（男）							18～55岁（女）						
	1	5	10	50	90	95	99	1	5	10	50	90	95	99
1. 坐高	836	858	870	908	947	958	979	789	809	819	855	891	901	920
2. 坐姿颈椎点高	599	615	624	657	691	701	719	563	579	587	617	648	657	675

图 4-1-3 坐姿人体尺寸及部位

续表

测量项目（mm）年龄分组百分位数	18～60岁（男）							18～55岁（女）						
	1	5	10	50	90	95	99	1	5	10	50	90	95	99
3. 坐姿眼高	729	749	761	798	836	847	868	678	695	704	739	773	783	803
4. 坐姿肩高	539	557	566	598	631	641	659	504	518	526	556	585	594	609
5. 坐姿肘高	214	228	235	263	291	298	312	201	215	223	251	277	284	299
6. 坐姿大腿厚	103	112	116	130	146	151	160	107	113	117	130	146	151	160
7. 坐姿膝高	441	456	464	493	523	532	549	410	424	431	458	485	493	507
8. 小腿加足高	372	383	389	413	439	448	463	331	342	350	382	399	405	417
9. 坐深（膝腘长）	407	421	429	457	486	494	510	388	401	408	433	461	469	485
10. 臀膝距	499	515	524	554	585	595	613	481	495	502	529	561	570	587

（4）人体水平尺寸：胸宽、胸厚、肩宽、最大肩宽、臀宽、坐姿臀宽、坐姿两肘间宽、胸围、腰围、臀围，各组数据见表 4-1-4 和图 4-1-4。

表 4-1-4　　　　　　　　　人体水平尺寸

测量项目（mm）年龄分组百分位数	18～60岁（男）							18～55岁（女）						
	1	5	10	50	90	95	99	1	5	10	50	90	95	99
1. 胸宽	242	253	259	280	307	315	331	219	233	239	260	289	299	319
2. 胸厚	176	186	191	212	237	245	261	159	170	176	199	230	239	260
3. 肩宽	330	344	351	375	397	403	415	304	320	328	351	371	377	387
4. 最大肩宽	383	398	405	431	460	469	486	347	363	371	397	428	438	458
5. 臀宽	273	282	288	306	327	334	346	275	290	296	317	340	346	360
6. 坐姿臀宽	284	295	300	321	347	355	369	295	310	318	344	374	382	400
7. 坐姿两肘间宽	353	371	381	422	473	489	518	326	348	360	404	460	478	509
8. 胸围	762	791	806	867	944	970	1018	717	745	760	825	919	949	1005
9. 腰围	620	650	665	735	859	895	960	622	659	680	772	904	950	1025
10. 臀围	780	805	820	875	948	970	1009	795	824	840	900	975	1000	1044

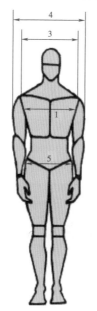
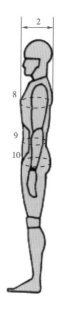
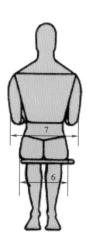

图 4-1-4　人体水平尺寸及部位

2. 百分点的概念

由于每个人的人体尺寸与他人不太可能完全相同，存在着众多的变化，设计要满足于所有的人也不大现实，因此对于人体测量的数据则需要用按百分点的方式来表达。也就是说，把研究对象分成100份，根据一些特定的人体尺寸条件，从最小到最大进行分段，以此来获取能够满足大多数人的那部分数据作为设计的参考依据。所以，"百分点表示具有某一人体尺寸和小于该尺寸的人占统计对象总人数的百分数。"[2]

当采用百分点数据时，有两点要特别注意：

（1）人体测量当中的每一个百分点数值，只表示某一项人体尺寸，例如，它可能是身高或坐高。

（2）绝没有一个各种人体尺寸都同时处在同一百分点上的人。[3]例如：某人的人体尺寸，身高尺寸在第50百分点上，第40百分点可能是其膝盖高，而第45百分点也许是他的前臂长等。由此看来，每个人的各项人体尺寸都属于不同的百分点数值（图4-1-5）。

3. 人体活动尺寸

静态的人体尺寸作为设计的基础数据，无疑有着重要的参考价值。在实际设计中，情况要比上述图表中的数据复杂得多，因为人是活动的，无论是工作还是休息都反映着人体始终是在动作状态中，人体的各部分并不是孤立地工作的，是协调动作的过程，所以人体的活动关系是设计重点考虑的方面。如果以静态尺寸去解决有关空间和尺度的问题，那一定是不全面的，也会出问题的。因此，必须将人体的活动尺寸纳入设计的范畴，并且把动作的特征及规律与空间尺度相结合，只有这样才能在空间设计中真正体现适宜的人体尺度关系。

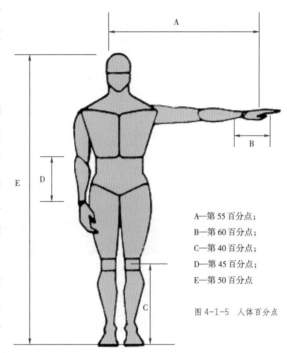

A—第55百分点；
B—第60百分点；
C—第40百分点；
D—第45百分点；
E—第50百分点

图4-1-5 人体百分点

（1）立姿的人体伸展动作的尺寸及部位：见表4-1-5和图4-1-6。

表4-1-5 立姿人体伸展动作尺寸

测量项目（mm）\年龄分组\百分位数	18～60岁（男）							18～55岁（女）						
	1	5	10	50	90	95	99	1	5	10	50	90	95	99
1. 中指尖点上举高	1913	1971	2002	2108	2214	2245	2309	1798	1845	1870	1968	2063	2089	2143
2. 双臂功能上举高	1815	1869	1899	2003	2108	2138	2203	1696	1741	1766	1860	1952	1976	2030
3. 双臂展开宽	1528	1579	1605	1691	1776	1802	1849	1414	1457	1479	1559	1637	1659	1701
4. 双臂功能展开宽	1325	1374	1398	1483	1568	1593	1640	1206	1248	1269	1344	1418	1438	1480
5. 两肘展开宽	791	816	828	875	921	936	966	733	756	770	811	856	869	892
6. 立姿腹厚	149	160	166	192	227	237	262	139	151	158	186	226	238	258

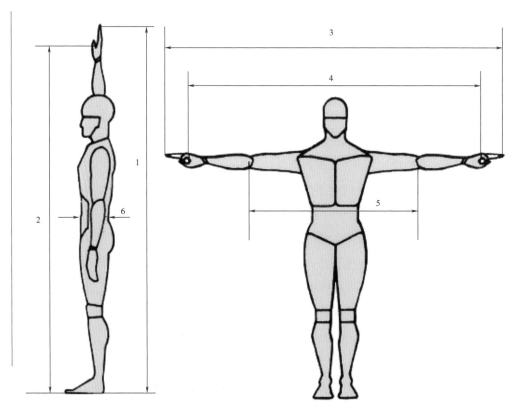

图 4-1-6 立姿人体伸展动作
尺寸及部位

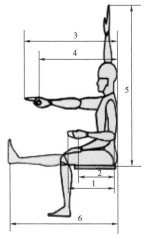

图 4-1-7 坐姿人体动作尺寸及
部位

（2）坐姿的人体动作尺寸及部位：见表 4-1-6 和图 4-1-7。

表 4-1-6 坐姿人体动作尺寸

年龄分组 百分位数 测量项目 （mm）	18～60岁（男）							18～55岁（女）						
	1	5	10	50	90	95	99	1	5	10	50	90	95	99
1. 前臂加指尖前伸长	402	416	422	447	471	478	492	368	383	390	413	435	442	454
2. 前臂加手握前伸长	295	310	318	343	369	376	391	262	277	283	306	327	333	346
3. 上肢前伸长	755	777	789	834	879	892	918	690	712	724	764	805	818	841
4. 上肢手握前伸长	650	673	685	730	776	789	816	586	607	619	657	696	707	729
5. 坐姿中指尖上高举	1210	1249	1270	1339	1407	1426	1467	1142	1173	1190	1251	1311	1328	1361
6. 坐姿下肢长	892	921	937	992	1046	1063	1096	826	851	865	912	960	975	1005

（3）跪姿、俯卧姿、爬姿的人体动作尺寸及部位：见表 4-1-7 和图 4-1-8。

表 4-1-7 跪姿、俯卧姿、爬姿人体动作尺寸

年龄分组 百分位数 测量项目 （mm）	18～60岁（男）							18～55岁（女）						
	1	5	10	50	90	95	99	1	5	10	50	90	95	99
1. 跪姿体长	577	592	599	626	654	661	675	544	557	564	589	615	622	636
2. 跪姿体高	1161	1190	1206	1260	1315	1330	1359	1113	1137	1150	1196	1244	1258	1284
3. 俯卧姿体长	1946	2000	2028	2127	2229	2257	2310	1820	1867	1892	1982	2076	2102	2153
4. 俯卧姿体高	361	364	366	372	380	383	389	355	359	361	369	381	384	392
5. 爬姿体长	1218	1247	1262	1315	1369	1384	1412	1161	1183	1195	1239	1284	1296	1321
6. 爬姿体高	745	761	769	798	828	836	851	677	694	704	738	773	783	802

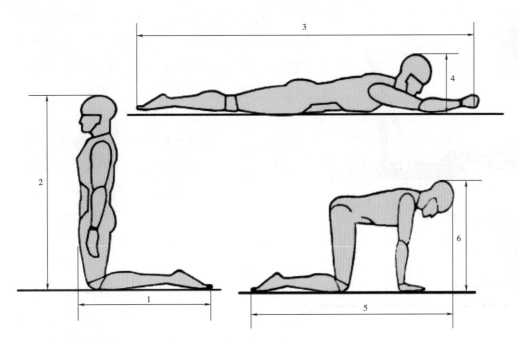

图 4-1-8 跪姿、俯卧姿、爬姿
人体动作尺寸及部位

4.1.1.2 家具的尺度

家具在人们生活中扮演着重要的角色，不仅在空间布置中成为主角，而且对人的一生来说也具有举足轻重的意义。所以，了解家具，掌握其中的要义和尺寸数据是专业学习中不可或缺的，也是室内设计的重要内容。尽管现代家具设计及生产已经工业化，但是与人体尺度相关的一些常规数据并没有改变，家具尺寸仍然是室内设计中的重要依据。为此，我们对家具的认识应该先从家具的基本原理和使用功能入手，了解并掌握一些常规的家具尺寸与人体之间的关系，并以此使家具布置与空间尺度之间形成良好的环境秩序，从而满足于人们的活动和使用的需求。

1. 坐卧类家具

在日常生活中，坐卧类家具是支持人大部分动作的，无论是坐姿还是睡眠休息，都离不开对这些家具的使用。而家具的尺度对于人的使用是否舒适和安宁，是否减少疲劳和提高工作效率等，就成为了一个重要的评价指标。尽管室内设计师很少有机会直接设计坐卧式家具，但是对家具的尺寸和形式仍需要有所把握，也就是说，一件成品家具不是随便进入到室内空间中的，它一定要和环境的布置及人的使用产生联系。家具在房间中一方面提供了可使用的价值，另一方面在环境审美中扮演着重要的角色，而室内设计正是把握了家具在空间中的表现。

坐具是生活中使用频率最高的一种家具，无论是在家里还是在工作场地，坐得舒适与否，人们很快会作出反应。因而椅子的设计不是一件简单的事情，其中涉及了人体工程学、材料学、结构力学以及工艺技术等方面的知识和信息。尽管如此，室内设计师应该关注坐椅的功能及所呈现的使用状态，因为坐椅不是孤立存在的，它一定和人的使用取得联系，其中坐椅的舒适度测试就是一项重要的指标。举例来说，我们常常会感受到旧式列车上的座位就不如新式快速列车上的座位舒适，这是由于坐椅的设计和它所占有的空间尺度有关。很明显，现代快速列车的座位人均占有的空间面积要比旧式列车的座位宽松得多，而且座位可以调节角度，以此满足人体坐姿的需要，因而显得舒适和便利。

从另一方面看，人坐在座位上不是一动不动的，他的动作幅度与其状态、场景和行为

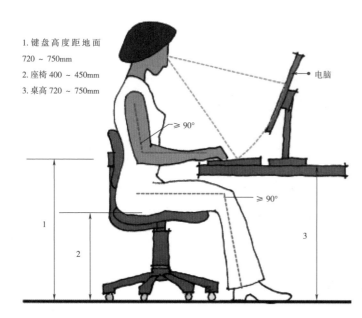

1. 键盘高度距地面
720 ~ 750mm
2. 座椅 400 ~ 450mm
3. 桌高 720 ~ 750mm

电脑

≥ 90°

≥ 90°

1
2
3

图 4-1-9 人坐姿工作最佳角度

性质有关。比如，中国人就餐方式要比西方人就餐方式的动作幅度要大得多，席间的敬酒、谈笑和相互礼让等行为就表明了动作的幅度，因此在设计中式餐厅时就要考虑椅子布置所需要的空间尺度是不同于西餐厅的。另外，就工作而言，由于工作性质的不同，人的坐姿行为可能也会不同，在设计时应该充分考虑其行为的特征，选择合适坐椅，并使座位布置保持一个合理的空间尺度。与此同时，还应该关注椅子与桌面的关系以及人使用时的效果等，一切都应该以减少疲劳，增加舒适度，有效地提高工作效率为目标（图 4-1-9）。

卧具较坐具要单纯得多，但是家具与空间的关系不容忽视，主要是这类家具所占据的空间尺度是相当的，而且家具的布置方式也可能会给人的使用带来一定的影响。像靠墙布置的床位，节省空间，但只能单边上下床，给整理床铺带来不便，而两边上下床的布置则就有很大的便利（图 4-1-10）。同时，低床位比高床位在上下床上要方便些，不过在收拾床铺时，人的弯腰幅度要大，消耗的能量也就多，这也是一个不利的因素。由此看来，坐卧类家具最贴近人体，与人们生活、工作有着紧密的关联，设计时应关注使用中的细节问题，以使通过家具的合理布置为人们使用空间创造更多的便利。

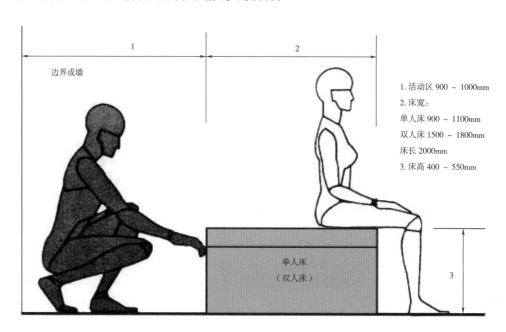

边界或墙

1

2

单人床
（双人床）

3

1. 活动区 900 ~ 1000mm
2. 床宽：
单人床 900 ~ 1100mm
双人床 1500 ~ 1800mm
床长 2000mm
3. 床高 400 ~ 550mm

图 4-1-10 床的尺寸

2. 凭倚类家具

凭倚类家具是人们生活和工作所需要的依靠性家具，如各类的桌子、操作台面和柜台等。这类家具的基本功能是适应坐和立的状态下使用的，并且为人的使用提供了相应的辅助条件，如放置或储存物品之功能。凭倚性家具的大小、高低与人的活动有着密切的联系，而家具尺寸的合理性与人体动作的疲劳度不无关系，值得我们关注。

国家标准 GB 3326—82《桌、椅、凳类主要尺寸》规定：

双柜写字台宽为 1200 ~ 1400mm；深为 600 ~ 750mm；

单柜写字台宽为 900 ~ 1200mm；深为 500 ~ 600mm；

宽度级差为 100mm；深度级差为 50mm；桌面距地高度在 700 ~ 780mm 之间。餐桌与会议桌的桌面尺寸是以人均占周边长为准进行设计的，一般人均占桌面周边长为 550 ~ 580mm，较舒适的长度为 600 ~ 750mm；一般批量生产的单件产品均按标准选定尺寸，但对组合柜中的写字台和特殊用途的台面尺寸，不受此限制（图 4-1-11）。[4]

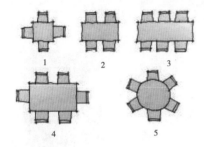

序号	L 长度	D 宽度
1	850 ~ 1000mm	850 ~ 1000mm
2	1200 ~ 1400mm	800 ~ 850mm
3	1500 ~ 1800mm	850 ~ 1000mm
4	1400 ~ 1600mm	850 ~ 1000mm
5	6 ~ 8 人 D=1100 ~ 1400mm，10 ~ 12 人 D=1500 ~ 1800mm	

图 4-1-11 餐桌平面尺寸

立式用桌（台）的基本要求及尺寸：

按我国人体的平均身高，站立用台桌高度以 910 ~ 965mm 为宜。若需要用力工作的操作台，其桌面可以稍降低 20 ~ 50mm，甚至更低一些（图 4-1-12）。

1. 精细的工作：男 1000 ~ 1100mm，女 950 ~ 1050mm。
2. 轻的手工劳作：男 900 ~ 950mm，女 850 ~ 900mm。
3. 重的手工劳作：男 750 ~ 900mm，女 700 ~ 850mm。

图 4-1-12 站立工作台面尺寸

3. 存储类家具

收纳器物、衣物及书籍等物品的格架或柜体，其基本特征是储存性的，因而家具尺度的或大或小，大到衣柜、书橱，小到床头柜、隔板架等，都属于在空间中占据墙面较多的一类家具。当然，这类家具有时可以作为室内隔断来对待，用来划分空间，成为即是隔断，也是家具两不误的设计要素。设计时应考虑物品的性质以及方便人的拿取和存放等，比如按常用与不常用物品、轻的与重的物品等方式来进行规划和设计（图 4-1-13）。

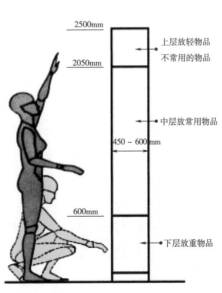

2500mm
上层放轻物品
不常用的物品
2050mm
中层放常用物品
450 ~ 600mm
600mm
下层放重物品

图 4-1-13 储柜尺寸
储存类壁柜或立柜的存放物品比较杂，主要分为图书资料类；衣物类；鞋帽类；日用杂品类。设计时应注重各自的尺度关系和要求。

在室内空间中，存储类家具可分为成品移动式和固定式家具两种。一般而言，固定式存储性家具是由室内设计师根据现场情况专门设计的，所以它更适用。但是，就其基本使用性质是一致的，家具的尺寸必须符合人体动作的尺寸要求，同时还要与存储的物品相协调。做到既不浪费空间，又能收纳各类物品。虽然生活中各类物品繁杂，尺寸不一，但应该做到有条不紊，分门别类地存放，促成空间布置的巧妙与合理，从而使室内环境得到高效的利用（图4-1-14）。

图4-1-14　生活单元轴测、室内透视图
固定家具往往借助于墙面或独立形成隔断，尺度可以根据需要自由调节和设计。

4.1.2　室内空间的尺度

人们总是用自己的方式来感知空间的，往往伴随着一系列的行为和动作来体验着空间与环境所营造的氛围是否合适，是否有助于完成某些工作和一些特别的事情。人们在需要光线、新鲜空气之类的东西的同时，对空间尺度的感知也颇为敏感，因为它会影响到我们的情绪和状态。我们会被眼前高大的空间顿生豁亮感，也会被低矮的空间感到一种压抑。设计师通常运用空间尺度的变化来调节人们的心情和视觉感官上的节奏感，空间尺度或富有生气或亲切宜人。总之，尺度不是一个抽象的概念，它是实实在在的，是有着丰富含义的一种设计表现因素。

4.1.2.1　生活的尺度

人们室内活动的多样化是难以估计的，诸如吃饭、睡眠、工作、做家务等活动，可能都是在最平常的环境中进行的，可以说人生大半的时光是在普通的生活环境中度过的。室内空间环境的好坏对每个人都是至关重要的，尤其是涉及到一些生活的尺度问题，可能会造成不合理的因素，引发空间使用效率低和作业过度疲劳等问题的出现。不良的环境尺度会导致许多的生活问题，甚至给人们带来烦恼和厌倦。

1. 生活起居

在居室环境中，人们的起居活动是多样的、自由而放松的，因此室内布置要考虑人体与家具之间的关系。关注人的动作幅度所需要的空间尺度和对一些数据的把握是十分必要的，它涉及到空间关系是否合理有效，是否满足人们使用空间的要求等（图4-1-15、图4-1-16）。

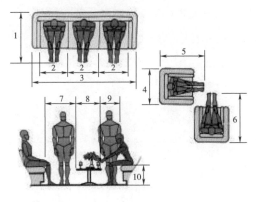

图 4-1-15　人与沙发的尺寸

1	1100 ~ 1250mm
2	700mm
3	2300 ~ 2500mm
4	860 ~ 1000mm
5	1000 ~ 1200mm（女）
6	1100 ~ 1250mm（男）
7	760 ~ 900mm
8	600 ~ 800mm（变化的）
9	400 ~ 450mm（不能通过）
10	360 ~ 430mm

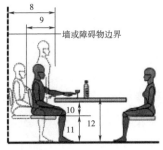

1	2600 ~ 3200mm	7	600 ~ 760mm
2	1500 ~ 2000mm	8	760 ~ 900mm（不能通过）
3	450 ~ 600mm	9	450 ~ 600mm
4	2000 ~ 2200mm	10	200mm
5	800 ~ 1000mm	11	400 ~ 430mm
6	450 ~ 600mm	12	720 ~ 760mm

图 4-1-16　餐桌布置的尺寸

从桌边到墙或其他障碍物之间允许人通过的最小距离为1200mm；受限通过为 900 ~ 1060mm，这时需要人站起身才能通过。

　　家务劳作又是室内设计所要关注的一个问题。一个好的劳作空间布置会减轻人们的疲劳程度和降低人体能耗，例如厨房是一个劳作性空间，设计的重点是设施的合理布局和家具尺度的控制。像案台的高度、柜橱、头顶上或案台下的储存柜体以及人的动作所占的空间等，都必须和人体尺度相联系，这样才能保证使用者与厨房内各设备之间的相互关系为最佳（图 4-1-17）。

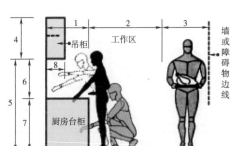

1	600 ~ 750mm	5	1500 ~ 1650mm
2	1000 ~ 1200mm	6	700 ~ 800mm
3	760 ~ 900mm	7	800 ~ 850mm
4	700 ~ 750mm	8	300 ~ 350mm

图 4-1-17　厨房操作的尺寸

台面及吊柜高度应注意女性的平均身高，避免头碰到吊柜上，其中吊柜设计以便于拿取物品，方便使用，同时考虑空间的充分利用和储存量。

2. 办公环境

　　在设计办公室时，除了一组家具布置外，应该考虑家具间的通行间距，保证人员的走动，同时还应考虑人坐着时的各种尺寸与文件柜之间的关系。尤其是在设计开放办公室时，既保证各自隔断式小办公空间的独立性，又要关注人站立时与坐着时的视高线，并要有视线调节的余地。空间能否高效地使用则取决于家具布置的方式，而家具及人活动的尺度又决定着办公环境的舒适度（图 4-1-18、图 4-1-19）。

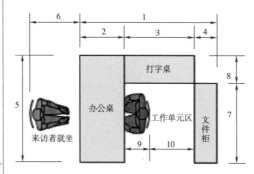

图 4-1-18 办公单元平面布置尺寸

1	2400 ~ 2990mm	6	750 ~ 1000mm
2	750 ~ 900mm	7	1100 ~ 1200mm
3	1160 ~ 1470mm	8	460 ~ 560mm
4	450 ~ 600mm	9	400 ~ 500mm
5	1500 ~ 1800mm	10	750 ~ 1000mm

图 4-1-19 职员办公单元立面尺寸

1	1980 ~ 2590mm	8	800 ~ 1000mm
2	1060 ~ 1320mm	9	900 ~ 1060mm
3	760 ~ 850mm（写字台宽）	10	1750 ~ 1930mm
4	1220 ~ 1470mm	11	630 ~ 780mm（吊柜高）
5	300mm（吊柜宽）	12	380mm
6	420 ~ 550mm	13	730 ~ 760mm（写字台高）
7	350 ~ 450mm		

3．公共场合

在公共场所中，人与人之间关系的维系很多情况下是通过合适的空间尺度达到的，保持一种便利和舒适的空间环境是设计的一个目标。然而掌握人体尺度，特别是多人环境下的人体尺度关系就显得非常重要。因为公共场所的尺度将关系到人与人之间和睦相处的问题，所以关注一些具体的尺度及间距是设计需要着重把握的，如服务与被服务的距离、家具与人的关系、人与人的距离、视线距离以及通道的宽度等，所有这些都必须适应绝大多数使用者（图 4-1-20 ~ 图 4-1-22）。

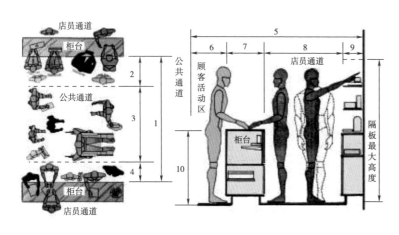

图 4-1-20 商业空间人员活动尺寸

1	2950 ~ 3050mm（柜台与柜台之间）
2	660 ~ 760mm（顾客可坐及活动）
3	1670 ~ 1800mm（公共通道）
4	450 ~ 600mm（顾客站立区）
5	2130 ~ 2850mm
6	450 ~ 600mm
7	450 ~ 600mm（柜台宽）
8	760 ~ 1220mm（店员通道）
9	450 ~ 550mm（货架宽）
10	900 ~ 960mm（柜台高）

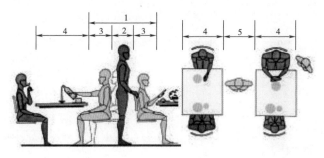

图 4-1-21　餐桌间人员通过的尺寸

1	1370 ~ 1670mm（桌间距）
2	450mm（人侧身通过）
3	450 ~ 600mm（人的座位）
4	760mm（变化的）
5	600mm（单人通过）

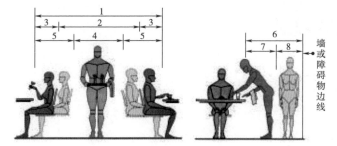

图 4-1-22　餐厅服务员通道尺寸

1	2440 ~ 2750mm	5	760 ~ 900mm（活动余量）
2	1520mm	6	1220mm
3	450 ~ 600mm	7	460mm（服务区）
4	900mm（服务通道）	8	760mm（通行区）

4.1.2.2　技术的尺度

建筑空间尺度不仅要适应于人体尺度，而且还要与场所性质及功能特性相协调。建筑的性格表达不一定只是在形式方面，尺度感也是重要的要素，因为特定的建筑空间尺度可以传达出一种设计立意和品性。但是，无论是要素自身，还是要素之间，无不需要一种制度或制约的关系，诸如经济的、材料的和技术规范等因素。设计并不可以随意地去表现什么，而是对诸多要素的一种整合，技术性的尺度要求就是其中重要的制约因素。

1. 功能的尺度

每一类建筑都有各自空间尺度的要求，像住宅建筑，大而不当的空间可能是不适用的。因为居住空间的尺度特性是要体现亲切、温馨和安宁的氛围，保持小巧和紧凑的空间关系是一种理想的尺度观，所以对于生活空间，尺度要比装饰风格更重要。就此而言，以合适的生活尺度作为家居设计原则是正确的设计方法，这也是将尺度的理解转变为对生活的一种关怀。那么，对于公共建筑，空间尺度也应遵循于场所的使用性质，例如室内运动场所，其空间尺度关系就与一般建筑不同，其中空间高度、宽度等都必须符合运动的特征，否则再好的空间也不能成为可适用的场地。由此看来，空间功能的尺度问题，并非是简单的，它包含着一整套的技术要素及规范标准，诸如对不同类型建筑的层高、净高、通道和疏散宽度以及疏散距离等都有国家制定的强制性技术规范和要求，这是出于保证人们基本生存的安全和使用而设定的。

当然，功能的尺度，不是纯功利的、僵化的一种制度，其实有着丰富的表现力。国家制定的建筑规范和标准只是一种整体上的控制和原则，创作的自由并没有被扼杀，相反在有条件限制的环境中进行设计，才能够体现设计的意义。功能的尺度不只是现实的，也包含着精神的，问题是如何将二者结合得融洽和完美，这是建筑与室内设计需要共同研究的一个课题。

2. 构造的尺度

室内设计并非是原创性的，是依据建筑提供的条件的再度创作，因而对于原有的空间

图 4-1-23 会议室效果图
圆弧的顶棚吊顶是出于躲闪上面的管道而采取的对策，反映了装饰性的构造往往与背后的问题有关，而不是一种无端的装饰。

尺度可能因为装修而引起的一些问题，诸如装饰材料及构造所需要的尺度，一些裸露的结构构件和设备管道等需要掩饰而形成的构造层的尺寸等，这些都说明了装修构造可能对空间尺度产生的后续影响。正如这些问题的存在，使建筑的空间尺度发生了很大的变化，如吊顶使空间净高变低，而房间墙面的某些造型或因为一些管线明露等问题需要进行装饰处理，房间最终的尺度关系往往不是建筑设计原有设定的效果。而且，装修、设施及空间布局可能随着功能的改变而不断调整，空间的使用实际上是处于一个动态变化的过程。综合这些技术因素及装修构造的尺度关系，如果在建筑设计阶段能够预测和把握，就不会为后续的装修带来太多的矛盾，或者说，建筑作为设计原创应该在空间尺度方面深思熟虑，做出合理的并能够适应人们不同需求的设计决策。与此同时，室内设计也应该保证空间性大于装饰性，做到合理、巧妙地处理各种装修构造的问题，使室内空间具有良好的尺度秩序，丰富但不紊乱，整体而富有情趣（图 4-1-23）。

4.1.2.3 表现的尺度

在所有的建筑要素中，恐怕尺度问题是最难把握的。虽然它没有深奥的理论，但是对于一个有经验的设计师来说也不敢轻视尺度的问题，原因在于尺度确实是一种空间感受的事物，不是图纸上所能表达清楚的。自古以来，尺度的表现在建筑设计中占有重要的位置，从古希腊的帕提农神庙，到古罗马的万神庙，以及后来哥特时期的教堂无不在尺度上有着震撼人心的表现。因此，尺度具有明显的寓意性，能够传递大量的信息和赋予艺术表现的特质。

1. 消费的尺度

在当今的建筑空间中，尺度的概念可以与消费一词取得某种联系，比如宽敞舒适的住宅、高大气派的厅堂以及豪华考究的办公室等等，这些空间无不通过尺度的表现来体现显耀的意味。这种张扬的空间尺度实际上彰显着一种财富、身份和权贵的意志，其背后放射出了人们对空间尺度的一种消费意识。这种消费心理表现出了人的一种占有欲，是以占据夸大的空间尺度来体现个人价值或地位，是显而易见的一种精神消费观的表现（图 4-1-24）。

如今，我们正处于审美意识与价值观的转变中，装修是最能反映人们在转折期中的一种混乱。那些铺张炫耀的场面刺激着人们的视觉感官，特别是一些商业空间中大量消费性的尺度表现成为了一种装饰性的语汇。

图 4-1-24 某住宅卧室效果图
室内高大的净空和宽阔的开间使卧室多了几分气派，而少了一些温馨和小巧。

把装饰与效益等同起来，暗示着尺度是一种消费的机制，也能够形成某种浮夸和显耀。由此，一个消费性的社会，必然促使建筑的某些消费性，而建筑空间尺度成为一种消费现象，也说明了尺度的表现对人们的精神感受影响很大。从视觉感官上和心理上，表现性的尺度能够产生一种吸引力，具有视觉愉悦和象征性的意味，因而当前有许多设计迎合了市场的这种需求并屈从于商业运作的模式（图4-1-25）。

图4-1-25 某洗浴中心大厅
走进大厅，你一定会被眼前的场景所刺激，吊灯及总台背景墙的装饰更显示了尺度的夸张表现，体现了商业空间的豪华和炫耀。

然而，现在的问题是我们如何来把握"尺度消费"这个度，因为任何过度的表现都可能带来造作和贪婪，或者成为某种炒作的噱头。所以，从空间设计的层面来看，对于尺度问题必须持谨慎的态度，保持适度的空间尺度和总体节约的原则，以自律的设计观来面对纷繁的社会消费心理，否则过分夸大的尺度表现便成为一种无用的设置和浪费。

2. 政治的尺度

建筑的尺度可以作为美感的要素，也可以是一种政治的象征。在现实中，纪念性或政治性的建筑总是给以人们一种端庄、雄伟的气氛，而大尺度表现正是其建筑的特性之一。然而在室内空间中，那些政治性的尺度关系则是与空间布局有关，并非限于尺度的高大。其主要的手段是通过半固定元素的尺度控制及环境布置来体现场所的正规、庄重的氛围，同时以一些小的元素和细节处理来形成尺度的对比效果，表现出一种视觉上的扩张感。例如，人民大会堂河北厅，家具在环境中成为一个控制要点，其亲切而简洁的尺度关系与空间中的其他尺度形成了鲜明的对比，特别是空间中那些装饰细部的尺度与比例的控制，烘托出了厅堂整体尺度的宏大而井然有序（图4-1-26）。如果试想这些细部尺度把握不好，那么空间中的博大、典雅的氛围必然受到影响，视觉的美感就会错失。所以，空间的量并不一定限于单一结构体的高大，在于设计要素的协调处理，其中细部尺度的控制是设计的重要环节。

3. 艺术的尺度

建筑艺术的表现最能吸引人的是简单的形体和良好的尺度感，而不是那些装饰物。虽然我们不能否定装饰的作用，但是能够让我们视觉愉悦的还应该算是那些"和谐如数学般精准"的尺度表达。无论是夸张的尺度，还是平实的尺度都能传达设计的主题和立意，给人以一种精神的引导，这一点我们

图4-1-26 人民大会堂河北厅
背景墙上的装饰，如壁饰、彩绘和具有传统意味的花格等细部的尺度控制，服从于室内空间的整体尺度的要求而各就其位。

可以在丹尼尔·李伯斯金德的犹太人博物馆作品中得到印证。犹太人博物馆建筑，充满着太多的寓意，其设计思路是以痛苦的"线性空间"展开的，并以尺度作为一种艺术的表达方式，把设计主题渲染得淋漓尽致，进而成为了具有深刻感悟的精神场所（图4-1-27）。由此我们可以领悟到尺度的艺术表现要比那些装饰样式更有积极的效力，因为尺度将给人某种心灵的感悟，而非视觉的装饰效果。

图 4-1-27　李伯斯金德，犹太人
博物馆室内
一种垂直向度的虚无空间，隐喻了
"无"的力量,而只留有心灵的体验。

4.2　材料的感知

　　如果说空间是有意志的话，那么材料就是传达意志最有力的途径。利用材料来营造空间比空间本身更有效，因为人对空间的感受实际上是通过视觉感官来辨别的，空间中的材质效果，如纹理、色彩、肌理和尺度等都能够唤起视觉的美感和联想。因而，影响人们视觉感受的空间材质就成为空间表现最有效的手段之一，它既是一种结构，也是材料的建构。

　　材料是空间形式的基础，不同的材料有着不同的物理及视觉的性质，尤其是经过编辑的材料空间，无不体现出了丰富的空间语意及表现力。路易斯·康认为建筑的意志往往转换为材料的意志而得以表现，这种意志又体现了建筑空间与材料之间的一种和谐关系。正因如此，室内设计是通过对材料的组织和准确的应用，表达了一种清晰的、可读的并富有情感的空间场景。

4.2.1　建筑装饰材料的特性

　　建筑装饰材料的基本性质是具备了承受现实环境的各种影响及作用，如温度差、湿度差以及强度（抗压、抗拉、抗弯和抗剪）等，同时材料的防水、防腐和防火也是重要的指标。装饰材料还要承受一定外力的作用，抵抗人为长期使用所产生的磨损和不可避免的受到碰撞的能力。因此，了解建筑装饰材料的基本性质是室内设计不可缺少的知识，也是设计中正确选择与合理使用材料的一个基础。

4.2.1.1 饰面材料的基本性质

装饰材料品种繁多，特别是一些饰面性材料日益出新，且材料品性与质地各有不同，价格也相差悬殊。但是，总体而言，材料均有坚固性、实用性、耐久性和经济性的基本特征，而且形式规格多样，有利于适应各种环境和需要。

1. 石质材料

石质材料分为天然石材和人造石材两类。天然石材作为装饰用材一般加工为板材形状，其长宽尺寸为 1200mm x 500mm，2000mm x 1200mm 不等，厚为 10 ~ 30mm，多用于地面、墙面及台面等室内外空间部位；人造石材其材料质量不同于天然石材，故适用范围较窄，一般用于操作台面，如厨卫空间和服务台等室内空间。两类材质各有自身的特性和效果，在室内装修中发挥着积极的作用。

天然石材主要分为花岗岩与大理石两种。所谓花岗岩是"火成岩，也叫酸性结晶深成岩。由长石、石英（二氧化硅含量达 65% ~ 75%）及少量云母组成。构造致密，呈整体的均粒状结构。按其结晶颗粒大小可分为'微粒'、'粗晶'和'细晶'三种"。[5]花岗岩的物理性能见表 4-2-1 所示。

大理石则是"一种变质岩，属碳酸岩即石灰岩、白云岩与花岗岩接触热变质或区域变质作用而重结晶的产物。主要化学成分为氧化钙，其次为氧化镁，还有微量氧化硅、氧化铝、氧化铁等"。[6]其物理性能如表 4-2-1 所示。

表 4-2-1　　　　　　　　花岗岩与大理石的物理性能

指标项目 \ 材料	花 岗 岩	大 理 石
相对密度（kg/m³）	2500 ~ 2700	2600 ~ 2700
抗压强度（MPa）	125 ~ 250	47 ~ 140
抗折强度（MPa）	8.5 ~ 15	3.5 ~ 14
抗剪强度（MPa）	13 ~ 19	8.5 ~ 18
吸水率（%）	< 1	< 10
膨胀系数（10^{-6}/℃）	5.6 ~ 7.34	9.02 ~ 11.2
平均韧性（cm）	8	10
耐用年限（年）	75 ~ 200	20 以上
平均重量磨耗率（%）		12

无论是花岗岩还是大理石其外观效果均有出色的表现。虽然花岗岩石没有像大理石那样的纹理，其表面的结晶效果却是非常美丽的。有的花岗岩石的结晶像钻石般闪闪发光，还有的形成大小不一的颗粒麻点，对比效果鲜明。大理石则具有漂亮的纹理和图案般的效果，而且品种繁多，色彩丰富而艳丽，并以华丽的外观和优良的品质深得人们的喜爱，因此大理石多用于高档场所（图 4-2-1）。

人造石材以模仿大理石和花岗岩表面纹理为能事，其材料生产多为聚酯型人造理石，材料质量及性能有其自身的特色（表 4-2-2），在应用中有一定的范围要求。因此，在使用中应该考虑，如老化快，色泽变化大，有时板面容易变形、起翘等问题。然而，人造石材具有灵活多变的设计效果，重量轻（比天然大理石轻 25%），强度高，厚度薄，耐腐蚀，抗污染，有较好的加工性，可以随意制成弧形、曲面等，而且接缝处用焊接方式不留痕迹，效果非常好（图4-2-2）。

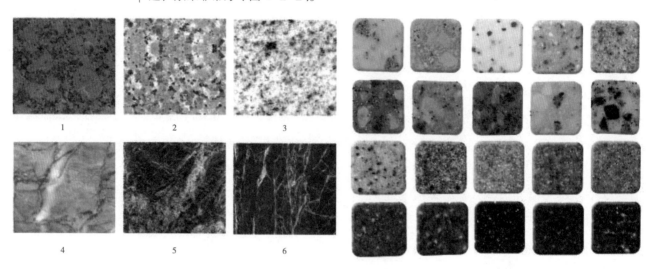

图 4-2-1　1～3 为花岗岩石；4～6 为大理石

图 4-2-2　各种人造石样板

表 4-2-2　　　　　　　有机人造石板材的物理性能

性能项目	指　标
相对密度（kg/m³）	2100
抗压强度（MPa）	> 100
抗折强度（MPa）	38 左右
冲击强度（MPa）	15 左右
表面硬度（巴氏）	40 左右
表面光泽度（度）	> 100
吸水率（%）	< 0.1
线膨胀系数（×10⁻⁶）	2～3

图 4-2-3　彩绘玻璃幕墙

装饰性尤为突出，并构成了视觉的焦点。

2. 玻璃

"玻璃是以石英砂、纯碱、石灰石等作为主要原料，并加入某些辅助性材料（包括助溶剂、脱色剂、着色剂等）经高温熔融、成型、冷却而成的固体。"[7]玻璃在建筑中使用的范围越来越广，特别是在大型公共建筑中大有取代墙体之势，在室内装修中也有很好的表现。

近些年来，玻璃用于建筑中已经趋于产品化的发展，不只是作为一种基础材料，因而玻璃可以称其为产品，基本上分为实用性玻璃和艺术性玻璃两大类。其中，实用性玻璃作为建筑围合界面的材料，主要是玻璃的各项性能指标及安全性、隔热与保温性，还有隔声减噪等技术的控制，产品品种颇多，呈多样化发展趋势；艺术性玻璃则注重视觉效果和艺术的深加工，如目前有雕刻玻璃、彩绘玻璃、冰裂纹玻璃等等，用于各种建筑空间和场所，效果非常突出，成为了建筑装饰方面最具新意的装饰材料之一（图4-2-3）。其实，我们不只是学习和掌握各种玻璃产品的性能及指标，而且还应该认识到玻璃是一种可降解和回收的材料，就环境资源保护而言是有利的。

3. 陶瓷砖

建筑陶瓷砖是用于室内外装修的烧结制品，其品种多样，图案、纹理及质地丰富，可谓以模拟天然材料质地和效果为优势。因此，陶瓷砖在建筑装修中最为活跃，使用量也最大，且价格相差悬殊，分为高中低档系列产品。无论是建筑外装修还是室内装修，陶瓷砖可能是最为普遍使用的装饰材料，其主要是材料的性能稳定及经久耐用。特别是当前盛行的各类瓷砖在日常生活中易于打理，耐磨性好以及防潮、防腐等有着众多的优点，而且表面质地效果颇为丰富和自然，给人一种视觉的愉悦美感（图4-2-4）。

图4-2-4 陶瓷砖的铺设
墙地砖的表面纹理如同木纹效果，且具有很好的质感和表现力。

陶瓷砖制品分类较多，有施釉和不施釉之分，有陶砖和瓷砖之区别，两者的质地效果大不相同，工艺及技术也比较复杂。就无釉砖而言，无釉玻化砖的发展更倾向于多元化，并着力于抛光、亚抛、亚光、烧面和凿面等平面与立体效果结合。釉面砖则注重于主题特色的表现，如水波面、仿古面、自然波面、木纹面、丝绸面等等效果，成为了新主流美学。[8] 因而，我们在面对众多的装饰材料，不只是关注其表面的效果，还要对其技术性能有所了解（表4-2-3）。对材料的规格等一些技术指标要以国家制定的标准为依据，如GB 4100—83《白色陶质釉面砖》和GB 11947—89《彩色釉面陶瓷墙地砖》，同时对各类陶瓷砖的施工技术及规程（CECS 101:98《建筑瓷板装饰工程技术规程》）也要学习和掌握，只有这样才能正确的使用陶瓷砖，发挥其最好的优点和效果。

表4-2-3　　　　　　　釉面砖的技术性能

项　目	指　标
密度（g/cm³）	2.3 ~ 2.4
吸水率（%）	< 18
抗折强度（MPa）	2 ~ 4
抗冲击强度（用30g钢球，从30m高处落下三次）	不碎
热稳定性（自140℃至常温剧变次数）	一次无裂纹
硬度（度）	85 ~ 87
白度（%）	> 78

4. 木板材

木板材在建筑装修中一直具有举足轻重的作用，是长期以来人们一直喜爱的材料之一，其温暖的质感和丰富的纹理，在装饰效果上是其他装饰材料无法比拟的。因此，木板材均属于比较高级的装饰材料，特别是实木或木质人造板均有优良的品质。不过，今天的木板材不是简单地用于建筑装饰中的，而是需要经过特殊的工艺处理后才能使用，其原因就是考虑防火、防腐和防潮等，目的使木板材兼有韧性和耐久性。

人造木板材以原木为基础，可以制成各种各样的板材，其种类和款式非常多，制作工艺水平越来越高，而且是目前室内装修和家具制作的重要材料之一。建筑装饰用木板材基本分为原木、人造胶合板、人造刨花板及其他各类人造木质板材等，其中原木按国家标准分 GB 4812—84《特级原木》，GB 143.1—84《针叶树加工用原木》和 GB 4813.1—84《阔叶树加工用原木》三种。人造木质板材的技术性能均有具体的标准和要求，常用的人造板材技术性能见表 4-2-4、表 4-2-5 和表 4-2-6。

表 4-2-4 胶合板的技术性能

树　　种	树种名称	分　　类	胶合强度（MPa）	平均绝对含水率（%）
阔叶树材胶合板	桦木	Ⅰ、Ⅱ类 Ⅲ、Ⅳ类	≥ 1.4 ≥ 1.0	Ⅰ、Ⅱ类 ≤ 13 Ⅲ、Ⅳ类 ≤ 15
	水曲柳、荷木	Ⅰ、Ⅱ类 Ⅲ、Ⅳ类	≥ 1.2 ≥ 1.0	
	椴木、杨木	Ⅰ、Ⅱ类 Ⅲ、Ⅳ类	≥ 1.0 ≥ 1.0	
针叶树材胶合板	松木	Ⅰ、Ⅱ类 Ⅲ、Ⅳ类	≥ 1.2 ≥ 1.0	≤ 15 ≤ 17

注　1. Ⅰ类（NQF）—耐气候、耐沸水胶合板。Ⅱ类（NS）—耐水胶合板。Ⅲ类（NC）—耐潮胶合板。

　　　　Ⅳ类（BNC）—不耐潮胶合板。胶合板按材质和加工工艺质量，分为"一、二、三"三个等级。

　　2. 胶合板一般为奇数，主要有 3、5、7、9、11、13、15 层，分别称为三合板、五合板、七合板等。材料规格常见为 2440mm x 1220mm。

表 4-2-5 硬质纤维板的物理力学性能

项　目　　指　标	特级板	普通级板		
		一等	二等	三等
密度不小于（kg/cm³）	1000	900	800	800
吸水率不大于（%）	15	20	30	35
含水率	4 ~ 10	5 ~ 12	5 ~ 12	5 ~ 12
静曲强度不小于（MPa）	50	500	400	300

注　人造纤维板（密度板），分为硬质纤维板（高密度板）、中密度板和软质纤维板（低密度板）三种。材料规格一般为 2440mm x 1220mm，其厚度从 3 ~ 25mm 不等。

表 4-2-6 刨花板技术性能

项　目　　指　标	平压板		挤压板
	一级品	二级品	
绝对含水率（%）	9 ± 4		
绝干密度（g/cm³）	0.45 ~ 0.75		
静曲强度（MPa）	> 18	> 15	> 10
平面抗拉强度（MPa）	> 4	> 8	—
吸水厚度膨胀率（%）	≤ 6	≤ 10	—

注　1. 凡厚度自 25mm 以上，其静曲强度应比上表规定的值减少 15%。

　　2. 单层结构的平压板，其平面抗拉强度应比上表规定值增加 20%。

5. 金属板材

建筑装修中的金属板材，主要是指不锈钢板材、铝塑复合板材、铝合金板材和钛镁合金板等。这些金属板材多用于室内外装修，如建筑金属幕墙、门窗及各部位的装饰等，而室内更多地用于吊顶部位，因为吊顶材料防火等级要求很高，所以金属板自然成为了理想的材料（图 4-2-5）。不仅于此，金属板材刚度强、安全可靠且质感及外观效果丰富等优点被人们所熟知，尤其是铝塑复合板，是一种两层薄铝板中间夹以塑料的新型内外墙均可使用的装饰性材料。铝塑板具有很强的抗风、抗弯强度，良好的隔音、隔热性能，其面层丰富的质感和色彩效果赢得了普遍的青睐。同时，各类金属板易于加工成形，可塑性强，能够适应于各种空间环境。但是，上述的金属板在造型方面需要机械来加工，不能在施工现场手工进行，因而加工费用比较高，成为了当前建筑装修中的高档材料。而且金属板多为厂家加工而成，现场组装，所以对面层的保护显得尤为重要，施工精度要求很高，允许误差值也很小，这就对工人的技术及现场管理提出了更高的要求。

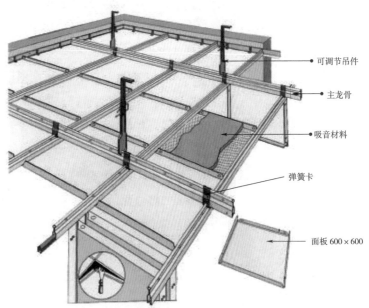

图 4-2-5 金属板吊顶，室内效果和吊顶构造图

6. 塑料板材

塑料板材主要是指用于地板的面层材料，是近些年来发展很快的一种装饰材料，其特点耐磨损、耐腐蚀、吸水性小及绝缘性、阻燃性、防滑性好等，而且色彩绚丽、质地丰富、脚感舒适等优势，深得人们的认可。塑料地板目前有聚氯乙烯 (PVC) 卷材地板和聚氯乙烯块状地板两种，适用于各类室内场所，是一种绿色环保，无毒无害，无放射性污染，可资源回收利用的绿色环保型产品。塑料地板只有 2 ~ 3mm 厚度，每平方米重量仅 2 ~ 3kg，不足普通地面材料的 10％。在高层建筑中，塑胶地板对于楼体承重和空间节约有着无可比拟的优势，也是旧楼改造中具有积极意义的一种材料（图 4-2-6）。

图 4-2-6 塑料地板的铺设
塑料地板卷材的优势在于地面消除了板缝，且卫生易清理，很适合餐厅等空间。

7. 涂料

涂料是广泛应用于建筑室内外的一种装饰材料，其最大的特点施工便捷、经济实用，且装饰效果鲜明。同时，涂料对于建筑空间能够最大的保持其原有性，对建筑墙面起到保护的作用，因此在室内外装修中涂料应用极为普遍。建筑涂料的另一个优势就是品种及性能非常多，可选择性很大，基本上分为外墙涂料、内墙涂料、防火涂料、防水涂料和地面涂料等等。虽然建筑涂料常用的基料分为无机基料（如水玻璃、硅溶胶）和有机基料（如聚乙烯醇、聚乙烯醇缩甲醛、丙烯酸树脂、环氧树脂、醋酸乙烯－丙烯酸酯共聚物、聚苯乙烯－丙烯酸酯共聚物、聚氨酯树脂）两类，但是其技术更新和产品换代都比较快，我们要掌握各类涂料的各项性能和技术指标是困难的。不过，在设计选材时了解具体涂料的技术指标，掌握涂料的基本性能和施工要求还是必要的，因为这能够确保设计意图和用户的利益落到实处。

4.2.1.2 装饰材料的燃烧性能

室内装修的防火问题是一个重要的话题。在许多室内空间中，因装修引起的火灾事故频频发生，其重要的原因就是过度的装修而使多种材料进入室内，其中一些可燃性材料就是安全的隐患。如果施工操作不规范，管理不善，那么，室内环境的防火问题就势必成为一个薄弱环节，安全性往往在外表装修华丽的掩饰下并不能得到保障。就此而言，国家早在 1995 年就颁布了 GB 50222—95《建筑内部装修设计防火规范》，其要旨是对室内环境的安全性提出了具体的要求，但是在实际操作中常常不被人们所重视，进而装修中对材料的燃烧性能等级控制不严，施工监管力度不够等等因素，致使室内防火成为了室内装修中的一个结症。

针对上述的情况，室内设计作为装修项目的起点，理应加强建筑防火意识，特别是对装修材料的防火性能应该有足够的认识。比如，国家根据各类装修材料燃烧性能分为四级，其中 A 级为不燃性，B_1 级为难燃性，B_2 级为可燃性，B_3 级为易燃性。这四种装修燃烧性能等级，意味着装修材料应该按其部位和功能划分应用，如顶棚装修为 A 级材料和 B_1 级材料，要求最严，特别是高层建筑，顶棚必须为 A 级装饰材料；墙面、地面及其他部位的装修可使用 B_1 级材料和少量的 B_2 级材料。至于哪些材料是 A 级和 B_1 级、B_2 级，需要查阅《建筑内部装修设计防火规范》表中提供的具体数据。总体上，设计在选用装饰材料时，应该关注材料的各项技术指标，其中材料燃烧性能等级就是重要的内容。

4.2.2　天然与人造的材料

建筑装饰材料主要分为天然的与人造的两大类，天然材料是原始的不可再生的，而人造材料则呈现多样的品性、用途及质量，而且有着可再造的和可循环使用的优势。因而人造材料是今天建筑的主流用材，在现实中发挥着重要的作用，并有广泛的市场前景。但是，不论天然材料还是人造材料，其外观的特质受到重视，因为装饰材料作为建筑的表皮更注重其质地的效果和稳定的性能，以及安全性和健康性等，所以材料的工艺性、科技性和审美价值是重要的技术标准。

4.2.2.1 天然材料

今天用于建筑装饰的纯天然性材料主要是石材和木材，这些材料有着地域和自然资源的特性，其多有坚固、耐久和审美的优点，尤其是自然资源受到过度开采的今天显得尤为珍贵，并得到了人们的普遍追崇。然而，这些材料的应用并非是简单、直接地拿来用之，而是需要经过细致的加工或处理后，才能应用到建筑中。例如，石材需要开采、切分和打磨等工艺加工；木材的后续加工则更为复杂，主要是材料的变形和防火的要求，需要经过多方面的技术处理，因而天然材料作为装饰性材料，一般价格比较昂贵，而且对于施工工艺要求比较高，整体效果注重材质的天然属性及尽可能减少人为做作的痕迹。

1. 地域的材料

所谓地域的材料是指当地出产的，且材料的特性及质量都与当地气候、地貌和环境相关联，并有着浓郁的地方特色。瑞士建筑师彼得·卒姆托设计的瓦尔斯温泉浴场，就是选用了当地出产的石材作为建筑装饰材料，并发挥到了极致的表现。卒姆托把材料视作为设计传达的媒介，因此将这些石材加工成 10 种不同尺寸的板材，其尺寸从 37cm 到几米不等，宽度由 10 ~ 25cm，厚度在 3 ~ 6cm，非常精确且看上去古朴自然。通过严格的施工工艺要求，使原本粗糙表面的石材在空间中表现得尤为精彩和优雅。整个建筑由外到内全部使用一种材料，为人们创造了纯净而致密，但又不失其丰富的视觉享受（图 4-2-7）。

图 4-2-7 卒姆托，瑞士瓦尔斯温泉浴场外观及室内
装饰效果来源于材质、光线及精简的形式，而材料的切分与拼合起重要的作用。

通过上述实例，我们应该认识到在对待天然材料时，不只是感受到美的一面，还应该认识材料的物理性能，诸如材料的质量、强度、耐久性、抗风化、防潮性和耐火性等一些与性能有关的技术指标。只有这样，我们才能发挥天然材料最优秀的品质，避开或应对其不利因素的一面，如一些石材存有的放射性元素、大理石的风化以及木板材的湿涨和干缩而开裂等问题。在设计中鼓励就地取材，因地制宜，减少不必要的材料搬运和过度加工，树立节约和简约的设计理念，这并非是因陋就简，而是关注于材料自身可能拥有的一种诗意的品质。

2. 材料的资源

我们对材料的感知还应该建立在环境保护的基础上，对于资源性的材料，如木材、土

图4-2-8 建筑立面上的旧材料应用
旧砖块应用于建筑装饰中，并和玻璃幕墙结合为整体，既有新意，又很经济。

地和水体等，应予以更多的关注。特别是当今大量的城市建设而造成的天然材料的过度开采和使用，使得自然资源遭到了前所未有的破坏。其中，当前奢华的装修风，就使得石材和木材等被大量的用于各类的建筑场所中，以至于中国目前是使用木材量最大的国家。而且，一些数据表明，今天非理性的建筑装修，一方面反映出欣欣向荣的发展态势；另一方面则使我们的家园和环境受到了很大的威胁，这些如果不予以重视，会非常危险。所以，我们对材料资源的问题必须从设计理念上来认知，从生态环境的角度来节省资源、能源，自觉捍卫我们赖以生存的环境。从小事做起，从细节入手，如在设计中尽可能选用可降解循环使用的材料、绿色环保材料，甚至一些废旧材料的重复使用，化腐朽为神奇（图4-2-8）。同时设计创意也应体现人本精神，少一些主义和风格，多一点思考和责任，在室内设计中坚持走一条科技与艺术结合的道路。

4.2.2.2 人造材料

建筑所消耗的材料是巨大的，其中房屋建筑成本的2/3属于材料费。在如此大量使用材料的今天，建筑可能因为建筑材料再生产和使用过程中的高能耗、严重的资源消耗以及环境污染等问题成为社会的焦点话题。而且，有数据表明，建筑的能耗大约占全国能耗总量的25%，其中相当的内容都与生态环境的消耗有关，因而在如此高的能耗指数下，我们深感到身上所担负着一份责任。我们应该在设计中树立材料的科技意识，关注材料的节能、环保和绿色技术，并视为是设计师的一份素养。同时坚信，人造材料的开发与研制是一条必然之路，也是今后建筑用材的基础，绿色环保材料和高科技新型建材的发展更是人类既定的目标和方向。

1. 科技性

科技性是人造材料的核心问题，其装饰材料的开发需要服从环境保护及绿色生态的原则，不但要注重材料的科技含量，而且还要体现人文精神和审美取向。现代的人造材料，特别是一些面饰性的材料，在具备上述特性的同时，重点研发了材料的审美价值及可适用性。例如，现代玻璃已发展到了很高的水平，诸如玻璃的种类繁多，在性能和科技方面也有突出的表现，像着色玻璃、不反光玻璃、保温节能玻璃、真空玻璃、音响功能玻璃以及调光玻璃等。[9]因而，当今的很多材料贴近于人们的生活需要和志趣的追求，为建筑及室内设计创作提供了丰富素材的同时，科技与艺术的结合也显得尤为突出，并成为了建筑装修中的生力军（图4-2-9）。

图4-2-9 北京天文馆主入口处
玻璃的技术与艺术结合得如此巧妙，给人一种强烈的视觉冲击力。

2. 工艺性

现代建筑装饰材料的工艺性能往往有着出色的表现，无论是材料的性能、色泽，还是质地及环保指数等都体现出人工化的技术与工艺的成熟，而且各种规格和品种繁多，更新换代快，具有很强的适应市场需求的能力等特点。微晶玻璃板就是一款接近于天然花岗岩石效果的高级建筑装饰新材料，较天然花岗岩石材有其灵活、自由和多彩的表现。微晶玻璃板的品质和性能在某些方面优于天然材料，如色泽、质量、环保和加工规格等都可根据设计要求达到理想的效果，并且能够成为天然花岗岩石材最理想的替代产品（图4-2-10）。

现代建筑装饰材料是属于建筑内外表皮性的材料，其装饰效果及再加工能力是一个重要的衡量标准。其中材料的工艺不但在某些方面要优于天然的材料，而且重要的是能够按照设计意图进行再度的深加工，即随意的并按照设计的要求精雕细琢。因而，现代装饰材料一般都具备工艺简便、再加工灵活且损耗小的特性，例如现代墙地砖是可以按照设计要求随意组织拼装、构图、切分和雕刻等，为设计师提供了想象与创作的空间（图4-2-11）。由此看来，装饰材料的深加工是厂家与设计师共同研究的课题，特别是设计师在正确掌握材料的特性、规格及适用范围的同时，应该提出更多的设想，赋予其艺术之生命，而不是教条的去使用材料。

3. 多用性

现代建筑装饰材料的多用性是显而易见的，主要表现在材料的可适应环境的方面，比如木材经过改良加工后，可以制成各种效果的装饰性材料。目前市场上的复合木地板材料发展迅速，其种类繁多，质地丰富，不仅是室内地面铺设的主要材料，而且还可以用于墙面和其他部位的装饰。在室内设计中，这种材料的品质和艺术效果都表现出了鲜明

图4-2-10　某银行大厅

纯净无色差且富有质感是人造材料的优势，而施工工艺及材料加工简便、精确更是其出色之处。

图4-2-11　墙砖拼图的效果

墙地砖为设计提供了再创作的可能，工艺与艺术的结合能够达到完美的效果。

的特色和时尚精神，并且有很大的自由发挥的可能（图4-2-12）。

其实，多用性还表现在材料的可设计性，就是通过设计将材料转变为一种形态要素或设计语汇而得以表现。中密度板就是可以进行深度加工和设计的材料之一，它既是当前家具工业的主要用材，也是装修中的基础材料，而且还是面层性的装饰材料。诸如此类特性的材料很多，关键在于设计创意和灵活多样的应用，其中巧妙的、合理的搭配与布设是重要的，这里考验着设计师的修养和对材料品质的把握能力。一个真正好的设计不一定就是使用高档材料，恰恰相反，普通的材料也能够创造出意想不到的效果，这就是设计品质的真正表现（图4-2-13）。

图4-2-12 某售楼中心大厅效果图
地台处和顶棚吊顶均使用了复合木地板，形成了上下呼应的空间界面关系。

图4-2-13 普通材料的巧妙运用
普通耐火砖经过切分成片，形成装饰构图，自然、生动而经济。而右侧的百叶扇就是使用中密度板的效果。注意二者在尺度上是一致的。

4.2.3 材质的表达

建筑的物质性在于材料性，而材料则是构成建筑的基础，或者说，建筑的形体是材料的组织与建构，因而材料与形体的相互关系必然成为建筑构成的一个中心话题。不过，材料并非简单的用于建造和起到支撑作用，而是拥有自我意志和丰富的质地及表现力的一种设计素材，这就是材质的表达问题。自古以来，人们都重视对材料的应用和表达，因为它既有技术层面的含义，也有审美的价值，所以材料的质地便成为了审美、情感、物质特色以及肌理纹饰等多方面的一种综合知觉。

建筑材料由物质的质料转化为艺术，就在于物质与艺术之间寻求了一种契合，即由物质质料转为艺术质料，并成为形式表达的一种载体。例如，现实的砖、瓦、石等材料只是一种纯物质性的，决定其成为艺术的要旨是运用于建筑中并作为一种表达意向，通过诗意的建造，最终升华到艺术的层面。所以，我们对材料的认知除了各种技术要求外，还要研究不同质感、色彩和纹理的材料的表面特征及艺术品性。

4.2.3.1　粗质的感悟

粗质材料的天然性在于保持了一种自然、原始的状态，在视觉上获得一种厚重感。从材料的肌理来看，有着一种时间的纵深感，其表面的凹凸不平的质地说明了某种强大力量长期作用的结果，因而具有质朴和立体的视觉感受。在新与旧的对比中，粗质材料更能显示出广谱的色彩、肌理和一种尺度的度量感，因此粗糙的材料往往表现出了凝重、厚实的艺术品性。

1. 记忆的砖

砖虽说是人工制造的材料，可它的品质却有着自然的特性。砖作为建筑最原始的材料，已经载入了人类历史的记忆中，无论是古罗马建筑中的面砖，还是中国古代建筑中的砖，都体现了人类用砖的历史。尽管今天的建筑已不再是砖的建筑了，但是这种"砖性"情结仍然出现在大量的建筑中，并且化作了一种设计手段和语汇的表达。我们从瑞士建筑师马里奥·博塔富有深情的建筑艺术中能够充分领会到砖的意象所在（图4-2-14）。其实，喜爱用砖来表达建筑的建筑师很多，像密斯·凡德罗早期的建筑就大量地使用砖作为他的设计语汇给予了精准的表现。在他看来，"建筑艺术的升华不仅取决于材料本身的品质，而且需要通过精确的细部揭示材料的本质。"[10]不仅于此，西班牙建筑师拉斐尔·莫尼奥在20世纪80年代设计的国立古罗马艺术博物馆中也使用面砖来唤起对古罗马的记忆，是非常独到的一种艺术表达（图4-2-15）。

诚然，视觉感在建筑中起着重要的作用，砖的材料正是具有粗质的肌理和面的组构赢得了人们的视觉愉悦。在当前的室内设计中，人们对砖仍持有一种热情的态度，在很多的室内空间中不时的出现，其意义在于满足了人们感官愉悦的同时，能够带给人们不同的记忆和启示。

图4-2-14　博塔，艾弗利天主教堂室内
对材料的精妙处理使人感受到一种古老神圣的空间意象。这种富有装饰意味的砖材组合，体现了建筑空间整体而细腻的设计思想。

图4-2-15　莫里奥，国立古罗马艺术博物馆室内
砖的语汇与场所的特性非常吻合，历史性与现代感并存，构成了深刻而回味的空间意象。

2. 灵性的石

石头千姿百态的特性和美不胜收的视觉效果赢得了人们的普遍认可，它是大地的精灵，是力量与永恒的象征。在中国古代文人心目中，石头是造园中至关重要的要素之一，

图 4-2-16 石块的装饰应用
天然的石块用碎拼的方式构成了
一幅动人的抽象画面，并与周围
环境形成了对比效果。

并且视其为性情的化身。石头被人们加工成
铺砌的材料，应用于建筑的室内外环境，成
为了天然景观的一个理念。即便是在室内空
间，石材既可以用抛光华丽的表面表达尊贵
与典雅，又可以用粗质的面层表达古朴与自
然，特别是风化的石材就更是漂亮的素材，
给人一种遐想和回味（图 4-2-16）。无论石
材怎么表现都不为过，这是因为石材展示着
风吹雨打之后的坚定品性和丰富的纹理及质
地，这是其他材料所不能比拟的。因此，石
材一直被人们所欣赏，成为最有魅力的一种
设计素材。

3. 温暖的木

木材同石材一样是有生命含义的，而且
还有着一种温暖的感觉，与人的身体更接近、更适合于人之所用。木材在拥有许多独特性
能的同时，还有很强的表现力，它既可以是自然本性的表达，也可以是雍容华贵的表现，
在不同的主题下扮演着各自不同的角色。由于木材品种繁多，有极其名贵的红木系列，也
有经济实用的普通木种，但是不管怎样，木材以其漂亮的纹理和质地赢得了人们的向往。
木材这种富有魅力的表现，在传达着各种设计主题和创意的同时，其面层的处理也颇有多
种的质感和效果，如以原木本色来表达亲切和质朴，也可以配饰油漆和上色工艺来彰显其
独到的特性（图 4-2-17、图 4-2-18）。总之，木材在人们的生活中是不可忽略的一种表
达要素，原因是它与我们的生命有着内在的关联。

图 4-2-17 某咖啡厅
木本色具有一种无修饰的自然之美。

图 4-2-18 某酒店卫生间
优质木材加之雕饰和油漆更显其高贵而典雅。

4.2.3.2 光亮的抽象

光亮性是指材料表面的光泽和明亮的程度，与粗质性呈反义，如不锈钢的闪光、玻璃
的折光和石材的抛光等，它们都有着同质性的效果。光亮的材料与粗质的材料不同点在于

削弱自身稳固和体量感的同时，反映了一种朦胧与虚幻的特质。因此，光亮性以全新的材料品质体现了空间精神的迥然不同，蕴含着对"技术精神"的追求和时代的气息。

1. 自身的削减

玻璃是具备了实与虚的两面性，既可形成空间的围合性，又有着透明、半透明的朦胧体态。这种凸显着现代技术轻、薄、透的无质感的空间界面，实质上呈现出一种虚无与实际并存的感觉。玻璃从某种意义上看，更多地反映了纷繁复杂的视景环境，而非自身的视觉尺度，因而玻璃界面的空间状态表现出了现代信息社会的某些特质，即无与有的语意氛围（图4-2-19）。

2. 表皮的漂浮

结构与表皮的分离是现代建筑的特征之一。表皮的材料在于外表的包裹与内在结构的剥离，继而形成对材料的随意驾驭和疯狂的表现。这一点我们可以从美国建筑师弗兰克·盖里的作品中充分感受到金属板表皮的漂浮和游动，像摇滚乐般的震撼、嘈杂和刺激（图4-2-20）。这种表面映衬着各种波光掠影的材料效果并非只在金属板中，在抛光的石材上和其他光洁度比较高的材质上都能够产生。这些材料通常在光线的作用下泛起阵阵光晕般漂浮效果，使人获得一种充满抽象意味的视觉感（图4-2-21）。

图4-2-19　玻璃界面的语意
玻璃扮演着既无又有的角色。这种通透发亮的材料体现了技术的要旨，表现出了现代工艺的精确和完美，同时也反映了当代的审美取向和崇尚技术的精神。

图4-2-20　盖里，"体验音乐"博物馆入口大厅
金属板的有机形态与材料表面泛起的浮云般的光泽共同构成了美妙而神奇的视觉环境。

图4-2-21　石材抛光处理效果
石材抛光所泛起的光泽具有漂浮的虚像效果，从而改变了材料的稳固和厚重的视觉效果。

4.2.3.3　柔性的唯美

建筑创作始终因为材料与技术的不断创新而获得灵感，其中材料的美学价值也因为艺术化的表现被不断地挖掘，令人耳目一新。例如，北京奥运场馆之一的国家游泳馆建筑，就是运用一种柔性材料（ETFE膜是一种叫"聚四氟乙烯"的有机物薄膜）来表达设计的构思和创新。建筑表皮类似细胞结构的样式，一种水分子的设计概念使建筑的立面像水发泡似的，整体效果是因材料的特性而形成，并获得了全新的视觉感受，被人们称之为"水立方"（图4-2-22）。

图4-2-22　水立方国家游泳馆夜景、施工过程
水泡式的形态组合，使建筑与主题紧密相连，在巨大的体量中获得轻柔而飘逸实属是一种创新。

柔性形式的表现，具有一种流动和飘逸的愉悦感，空间的围合形如流水而极具动态性。这种以唯美的柔性空间，实则体现了当前表皮性建筑对新材料的一种接纳与包容，也反映了材料的不断出新，为设计师带来了更为大胆的构想和创新，因而一些非建筑用材也被大量地移植于建筑空间中，成为想象力的形式源泉。像建筑师扎哈·哈迪德近期设计完成的香奈儿流动艺术展馆，就是以行云流水般的空间构成手法，来表达她一贯坚持的设计主张，一个充满想象力的形式通过"复杂性、数字影像软件以及施工技术的进步，让流动艺术馆这样的建筑成为可能"[11]（图4-2-23）。时下，这种柔性的唯美成为了新的审美追求，感性、奔放和非几何性的建筑形态正是通过材料的柔性表现得到充分的展现，并创造了神奇别样的空间体验（图4-2-24）。

图4-2-23　哈迪德，香奈儿流动艺术展馆室内
建筑的主材来自于玻璃钢、PVC和ETFE屋面膜，因而空间在形成曲线动感的同时，给人一种视觉的唯美。

图4-2-24　灵感之桥伦敦，英国
一种木构方框加玻璃构成的形体，通过扭转变化而形成特异的空间形态，成为了两个建筑物之间的桥梁。

4.2.3.4　坚实的信念

在现代建筑三大用材中，混凝土作为一种结构性材料得到了最为普遍的应用，它的优势就是坚固、廉价和可塑性强。它不仅是承重结构的骨料，也可以是表里合一的材料表现。这一点以我们熟知的日本建筑师安藤忠雄的建筑作品为例，那些原汁原味的清水混凝土材料充分传达了设计的"双重编码"，即暧昧的、含蓄的、一种刚柔并济的美学情调（图4-2-25）。其实很多建筑师对混凝土都有所偏爱，早在柯布西耶时代，清水混凝土就是其创作的一个亮点，如柯布西耶设计的马赛公寓、印度的昌迪加尔市政厅、朗香教堂等，无不都是清水混凝土建筑，同时还有路易斯·康、沙里宁、奈尔维等一些建筑大师都使用清水混凝土来表现建筑。这种以拆掉模板不作任何修饰的建筑做法，体现了建筑师的一种信念，即不依靠材料的华丽来取悦于人，而更偏重于普通的、真实的和诗意的空间创造。应该说他们对材料的认同、感知和表现绝非是心血来潮，而是一种修养，是对建筑美的真正理解和感悟，并通过材料的语意做出了各自不同的诠释。

图4-2-25　安藤忠雄，小筱邸住宅内景
清水混凝土细腻的质地效果像丝缎一般美丽，在光环境下给人无穷的回味。

混凝土有其一定的模糊性，既像自然粗糙、厚重的石头，又是人工塑造成形的材料，它的加工具有流动、凝固和硬化的特质。外表效果给人一种坚硬而粗陋之感的混凝土，常常在建筑装修中，被人们用一些华丽和漂亮的材料覆盖或包裹，形成了建筑结构与表皮的关系。其实不然，混凝土有其另外的一面，它有自然粗犷的本性，也有细腻入微的质地效果，其表现力是丰富的，这主要取决于设计师的敏觉性和技巧性。然而，混凝土又代表着一种现代主义精神和建筑表体合一的设计理念，

图4-2-26　彩色混凝土墙
色彩与纹理的结合使混凝土形成了特殊的面层肌理，从而使混凝土具有像木材般温暖的感受和装饰效果。

从结构、技术与施工方面体现为建构的逻辑关系，是一种本真的表达，即结构的真实美。从另一方面看，混凝土是一种浇筑性的工艺流程，可塑性是通过模板浇筑而形成各种造型，其面层质地也可以通过一定的手段和技巧，表现出坚硬感、粗质感或柔美感等不同的效果，还可以加入颜料形成彩色混凝土，大大丰富了混凝土的表现力（图4-2-26）。清水混凝土之所以成为很多设计师的情结，在于其具有一种精神性和极具魅力的质地效果，传达着坚定、稳固而不可改变的信念。从某种意义上混凝土有"万用之石"之内涵，其中对混凝土的精确加工和表面的平滑处理是一种极致的表现，也是一种无为而为的动力所在。

4.3 环境的色彩

色彩对于我们来说是既熟悉又陌生的事物，我们之所以能够感受到色彩的存在，分辨出色彩组成的图像和景致，是由于光线传送给我们反射图像的缘故，换句话说，一旦光线消失，色彩及图像也就即逝，这种情景我们似乎有某些莫名。我们对色彩的敏感在于视觉器官的能力，同时也源于光的作用。色彩不只是一种表面的现象，在科学上，色彩被解释为光谱现象，即每一种色彩都有不同的光波，而不同波长的光波刺激人的视网膜时就会形成色觉并看见物体的反射颜色。这种复杂的光谱下的色彩分析，似乎对于普通人来说是难以解释清楚的，在生活中也是没有什么用场。人们对于自然界的色彩现象，更多地是来自于感性和直观的理解。因此，我们对色彩的表达需要与情感取得联系，不必过多地追究色彩是如何产生的及其色彩变化的理论依据等，倒是应该关注色彩与人类文化的关联性，也可以用直观的艺术语言来解释色彩。

4.3.1 自然的色彩

在自然界中，色彩不仅是自然规律的一种外在表现，而且与环境的变化过程有关，比如气候因素就对环境色彩有着直接的影响。因而，在谈及自然色彩时一定要与地域环境相联系，诸如土壤、水系、植被、气温和湿度等，这些都是地域性自然色的决定因素，同时也影响着生物迹象的色彩关系。如此来看，自然的色彩既是一种光合作用的现象，也是自然环境条件下的客观反映，其所形成的色彩关系必然与地理因素有着内在的关联。人类也正是在自然中获得了色彩的感悟，正如瑞士艺术教育家约翰内斯·伊顿所言："色彩是从原始时代就存在的概念，是原始的无色彩光线及其相对物无色彩黑暗的产儿。正如火焰产生光一样，光又产生了色彩。色是光之子，光是色之母。"[12] 自然便成为我们对色彩研究与表达的起点，也是源泉。

4.3.1.1 气候因素的色彩

我们生活在大气的包围中，而色彩是由阳光穿越大气层后显现出物体的反射颜色，这就说明空气中的尘埃、湿度和水蒸气等会影响我们对色彩的观察。例如，我国南方的天气总体上是多雨少晴，气候的温度和湿度都比较高，植被生长茂密，水系充分，在夏季常伴有阴雨蒙蒙的天气，自然的色彩看上去是青绿色系。这种带有温润之感的色彩关系，在空气中透着清新和淡雅，有时在薄雾的笼罩下有着一种朦胧的色彩美（图 4-3-1）。与此相反，北方气候干燥，四季分明，自然的色彩呈现为黄赭色，虽然也有绿色，但是土黄的色质仍成为主调，总体上，色彩感觉有些燥热而缺少润气，有时伴随着风沙天气，使人有某种灰

图 4-3-1 江西婺源风景
南方的青山绿水反映了自然的色彩特质。

土和乏味之感（图4-3-2）。这种由于气候因素形成的色彩关系，在南北方的自然环境中有着明显的差异，因而构成了各不相同的赋有地域特性的色彩系列。

　　南方与北方在色彩上的差异还体现在气温上，我们知道南方天气炎热，适于各种植物生长，植物种类繁多，姹紫嫣红，一年四季均可见到绿色；而北方处于寒冷地带，大地的颜色总体上不及南方丰富，特别是到了冬季色彩更显单一。因而，气候因素对自然的色彩起着至关重要的作用，而地域性的色彩又是形成环境特色不容忽视的要素，同时也表明了人类对色彩的认知是在遵循自然色

图4-3-2 河北太行山景观
原生态的自然景观体现了色彩具有的环境特征。

彩规律的基础上建立起色彩表达的系统，并且形成了不同的文化体系和符号图式。例如，墨西哥建筑师巴拉干的建筑作品中那些鲜艳的色彩和大胆的色块，无不与当地的气候环境有着内在的联系。设计反映了一种地域环境的色彩观在墨西哥文化中的显现，这实质上是由于气候因素产生的文化脉络（图4-3-3）。与此同时，中国南方的民居建筑，多以材料本色来表达一种自然环境的色彩观，这种质朴、纯真的建筑实则反映了人们顺应自然而尊重于自然的一种"天人合一"的思想。因此，一个优秀的设计师必然会考虑上述这些因素，将自然的要素纳入设计中（图4-3-4）。

图4-3-3　左图为墨西哥民间艺术品；右图为巴拉干建筑作品
从巴拉干的作品中能够读出一种色彩的建筑语言所演绎的墨西哥地域性元素，同时也能够感受到建筑的用色与墨西哥民间工艺品的色彩之间有着某些内在的关联。

图4-3-4　左图为贝律铭设计的苏州博物馆；右图为苏州街景
尊重地域的色彩是建筑师的一种思考，用色彩来和环境相呼应其本身就是很好的设计理念，体现了整体的环境观。

4.3.1.2 生命迹象的色彩

自然界的生命体征一定会受到气候的影响，在不同的环境条件下会显示出动植物的各自体貌特征，包括其颜色等。例如，生长在热带地区的火烈鸟，其鲜艳的羽毛就反映了地域环境的体貌特征，具有明显气候因素留下的痕迹（图4-3-5）。同时，我们可以感受到生活在热带地区的动植物一般都有艳丽的色彩，特别是一些鸟类的羽毛更加漂亮，植物花卉也争奇斗艳，而且色彩丰富、品种繁多。这些足以证明环境作用对色彩的影响之大，当然也包括了气温、水土和生命进化的程度等。然而生活在陆地的动物身上的颜色，大多倾向于黑色、白色、灰色以及接近于大地的颜色，这是因为动物身上的斑纹及颜色可以起到隐蔽作用，防止劲敌的袭击，从而易于生存（图4-3-6）。即便是有些动物的皮毛纹理非常好看，也是为了防御和隐藏，比如老虎身上的斑纹应该是非常漂亮的，其纹理颜色的构成与大地的颜色浑然一体，很难被对方发现，有利于捕猎和生存。陆地上的动物恐怕都有自卫的色彩功能，这也让我们想到了军事上的迷彩服也定是受其启发。因此，动物身上的色彩及纹理是长期生命争斗和进化的结果，绝不只是人类感觉到的好看，就算是那些植物花卉的鲜艳和美丽也是为了吸引蜜蜂之类前来授粉、繁衍等需要。这就说明了色彩存在着功能性和实用性的价值，其意义是体现了鲜明个性的同时，还有生存与保护自我的可能，并且以色彩的规律来维系自然界生态的平衡及发展。

图 4-3-5 火烈鸟
鲜艳的颜色表明了生长的地域及环境作用的结果。

图 4-3-6 迷彩的皮毛
老虎身上的斑纹为其生存提供了有利的保护。

我们从自然界中学习色彩，并清楚地认识到不同环境条件下的色彩发展规律，以至于不同地域环境之间所形成的色彩差异为我们的色彩创作提供了丰富的参照系。同时，我们在面对自然界纷繁变化的光谱世界时所能够识别不同的色彩性质，协调和整合复杂的环境色彩，这些都来自于人们对自然色彩的一种读解，而且也应该意识到色彩是人类文明的兴起和建立秩序的一个基础。

4.3.2 人文的色彩

色彩如同材质一样本无倾向，也无感情的内容，然而是人类的意识赋予了其丰富的内涵和定义。色彩的文化属性由此变得复杂而多样，表现出了地域、族群及人类文明的特定意义。色彩作为一类特殊的词汇，已成为界定地理、历史、文化、经济和社会的一种要素，并且在我们的生活世界里起着重要的作用。

4.3.2.1　地域的色彩观

　　色彩的地域特性往往体现为气候条件下的自然意义，尤其是在不同的气候环境中，一种自然而固有的因素奠定了地域色彩的特有性。例如，在我国南方普遍使用的一种颜料叫靛青，就是从当地生长的植物中提炼出来的，是传统的染蓝颜料。我们从这种具有鲜明特性的颜料中读出了自然所赋予人们的一种色彩语意，并从尚存的蓝印花布中充分领略到了这种蓝色工艺所传达的艺术美和一种地方的人文气息，与青花瓷器一同构成了地域色彩的象征意义（图4-3-7）。

图4-3-7　左图为江南的蓝印花布；右图为青花瓷瓶
青蓝色作为地域性的色系，具有浓郁的地方文化的气息和一种色彩的理性秩序，体现了自然所赋予人们的生活特质。

　　然而，地区间的差异性在空间营造上往往受到物质及技术因素的制约，不会像色彩那样随意而富有变化。虽说空间关系起决定的作用，但色彩唤起人们的视觉感要比形体先吸引人，所引起的联想效果会更丰富也更复杂。这里值得注意的是色彩与意义之间存在着差异性和可变性，人们常借助于色彩和色彩命题来表达情感意义和生活习俗。比如在中西方文化中，色彩唤起的积极与消极的意义就有着明显的不同，像红色与黄色被中国人所偏爱，象征着喜庆与高贵；而蓝色和白色受到西方人的普遍认可并赋予积极的评价，联想为天空、海洋和纯洁、和平之意。这种地域性色彩观形成的背景是复杂的，不仅仅受地域环境因素的影响，而且包含着与情感和心境有关的一整套的生活理念，正如拉普卜特所言："这种关系大多基于对自然现象的联想和色彩对生理的影响，结果就形成了对色彩的一种普遍的成见。"[13]因此，人类对色彩的命名多偏重于所处的环境和与此相关联的现象，如山河、土地、植物和气候等，这些似乎构成了色彩使用的一个任意系统，认同和接受来自于对地域环境的解读和体验。就像在有些文化背景中，色彩的归属是明确的，如中国东北的白山黑土、西北的黄土高坡和南方的红土绿地等都有着明显的地域色彩的特征和象征性，有着不同的色彩语意及文化的相对性，同时也代表着一方水土的人们的情感和心境（图 4-3-8）。

(a)

(b)

(c)

图 4-3-8　地域色彩
(a) 茫茫的白色与黑沃的土地造就了东北人豪爽和爱憎分明的个性；
(b) 层层叠叠的黄土高坡体现出西北人的敦厚和质朴的本性；
(c) 红土地意味着炽热和兴旺，暗示了一种革命精神和旺盛的争斗性格

4.3.2.2　色彩的社会语意

每一个民族或地区都有着各自表达色彩语意的体系，比如绿色在伊斯兰教中是神圣之色，引为生命与自然的象征；而白色在藏族中有纯洁、尊贵之意，成为表达敬意（白色的哈达）的一种语意，色彩因此在不同的民族之间形成了语意的差异。但是，色彩的文化认同性仍然保有某些明显的共性，例如在人们的观念中白色普遍被认为是积极的，与纯洁相联系；黑色则是消极的，与死亡相联系。由此看来，色彩的社会语意在跨文化的普遍性方面，无论是西方还是东方似乎存在着某些通用的意义。

图 4-3-9　北京城市规划模型，图中金黄色处为紫禁城

显然，色彩的社会语意又反映了社会秩序和一种空间的象征意义，如北京大面积的灰色调与紫禁城亮丽的红黄色彩形成了鲜明的对比，以此体现了皇城的神圣地位及中心性（图 4-3-9）。因而，色彩的使用往往表明了某些事物的特殊含义，在环境中持有秩序的建立或暗示环境的地位及特性。又比如，红色的语意在中国颇为丰富，像婚礼上的大红色彩代表着喜庆和热烈，传达着幸福和美满的联想；而在另外一种情景中红色可能又代表了正义和革命，甚至有时还是一种警示的标志，总之这种具有广泛的社会语意的红色被中国人所接受，使用频率很高。然而西方人对红

色的理解与中国人就有所不同，经常将红色与权力相联系，有时还有挑斗、血腥的意思。色彩的这种表达语汇不仅具有情感的因素，而且在社会功能方面显示了复杂的语意。那么，在建筑空间环境中，色彩又往往成为了醒目的标示，隐喻着一种秩序，表明了场合及事件的性质，并给人一种清晰的可读性（图4-3-10）。至于色彩在室内空间中究竟能够发挥什么作用，随后的内容会深入探讨。

4.3.2.3　色彩的审美特性

色彩对于人们不只是生理的刺激和心理感受的作用，而且包含着或提供着某种观念含义，其中色彩的鲜明与突出体现了一种审美的价值，是精神与意识的表述。例如，远古时期的人们之所以"染红穿带、撒抹红粉，已不是对鲜明夺目的红颜色的动物性的生理反应，而开始有其社会性的巫术礼仪符号的意义"。[14]因此，色彩的审美及礼仪性在人类文化中占有独特的符号象征的含义，这是不同于其他动物的一个标志。这种区别在原始人类的意识形态活动中就已经开始，亦即包含了宗教、艺术、审美等在内的仪式及人的日常行为（图4-3-11）。由此，我们今天对色彩的认知更多地是从文化和审美的角度来获取价值，并作为一种要素在设计中得以充分地表现。

色彩作为一种审美表现的要素，其复杂性是显而易见的，这里主要是参与了人们太多的性情及特定的观念，并赋予了自然的颜色以社会内容和主观感受的意义。例如，中国人喜爱暖色系，西方人则偏向于冷色系，这就表明了不同民族或地区对颜色所作出的审美选择。前者注重了色彩的鲜明与突出，反映了民族的热忱、温暖和兴旺的性情；后者则倾向于自然中的色彩规律，这也许与西方绘画注重色彩的写实性有关。我们可以认为中国人注重色彩的主观意识的表达，比如在传统的服饰艺术和建筑装饰中都能感受到色彩所赋予的醒目、富贵和亮丽的视觉美感（图4-3-12）；而西方人则强调色彩的理性表现，认同色彩具有比拟的特质，是一种"有意味的形式"，正如凡高的金黄色，毕加索的蓝紫色都有着深远的意味。在某种程度上，色彩还存有认识上的想象，像亚里士多德则认为"原色使人联想到原初的物质（火、气、水、土）"[15]，而黄色则被中国人想象为天子之色，因而特定的颜色在每一种文化中都有着确定的意义，色彩成为了视觉形象中最为反复无常的维度。

色彩的审美还与人的性格有关联，不同年龄和不同性格的人对色彩的喜好也有差异，

图4-3-10　中国人喜爱的红色
红色是节日的颜色，传达着喜庆、热烈和欢快的情感意义，同时成了中国人普遍接受的一种色彩的社会语意。

图4-3-11　墨西哥民俗服饰
从墨西哥民俗服饰中能够感受到一种由色彩和装束造型的表演，体现了鲜明的地域特色及文化。

像性情开朗的人一般喜爱热烈、明快的色系，而心境内向的人则偏爱冷色系或沉稳的色彩；文化素养高的人倾向于含灰色系，而一般民众喜欢亮丽的色彩等。人们对色彩的选择实则反映出一种心理和生理的活动，同时也表明了一种色彩的审美倾向。因此，对于色彩问题绝不是简单的事情，它体现了综合运用的特征。在实际操作中，关注环境和对象是色彩表现的第一要旨，其中人的感受和心理状态是需要首先顾及的，因为色彩的意义在于人而不是物。所以，考虑色彩的视觉效应，实质上是抓住了色彩表现的真正特质，正如色彩是最廉价的奢侈品一样，色彩所赋予人们的是精神的、审美的，而不是其物质性。

图 4-3-12 少数民族服饰

在我国南方的少数民族的服饰中仍保留着亮丽、精美的手工绣品，色彩艳丽，图案丰富且反映了人们对美的追求。

4.3.3 室内的色彩

我们在本节中所讨论的色彩问题是从环境的角度来研究色彩的应用，并非是色彩的纯理论分析，所指的"色彩"不是抽象的，也不是概念的，而是与环境、建筑物、材料和光线有着密不可分的联系。不过，为了使色彩问题明了化，将与色彩有关的其他因素暂且不谈，来专门探讨色彩在环境中所起的作用，目的使我们能够对色彩有一个清晰的认识，以此来指导我们在环境及室内设计中正确理解和运用色彩。

4.3.3.1 色彩的效应

环境中的色彩效应，应该说是视觉感受的结果。色彩的物理性也是建立在视觉效果基础上的一种感应，因而了解色彩的物理作用对室内设计来说尤为重要，其中室内环境的色彩如何将影响到人的生理和心理以及行为的诸多方面。所以，环境中的色彩与绘画的色彩不同就在于色彩与环境的紧密结合，并关注色彩的分析和应用。

1. 物理效应

色彩的物理效应主要表现为冷暖、远近和轻重等。色彩的表现存在于事物间相互作用而形成的错觉，比如红、橙、黄色就有不同程度的暖色感；青、蓝、紫色就有冷色感，而绿色为中性色。同样暖色系和明度高的颜色有前进、凸出的视感；冷色系和明度低的颜色则有后退、凹进的视感。除此之外，色彩的重量感主要取决于明度和纯度，如明度及纯度高的色彩显轻，明度与纯度低的色彩则显重些。以上这些色彩的视觉感实际上会受到环境的某些影响，重要的是外界刺激条件的某些形式，如材质、光线、空间形式及尺度等都有着密切的关系。单纯的颜色并不能引起人们明显的感应，只有在特定的环境氛围中，色彩的物理效应才能发挥其作用。色彩的环境条件也因此显得非常重要，其中环境的色彩着眼于综合因素的分析及运用，重点是利用色彩的诸多特点来调整和改变空间及环境的视觉效果，以此获得最为理想的色彩环境（图4-3-13）。

2.生理效应

从生理学的角度来分析色彩，其冷暖的色彩系列能够使人体产生刺激能量，进而转换为神经冲动的行为和活动。如红色及暖色系就有明显刺激人的大脑兴奋的作用，是一种扩张的色彩表现；蓝色及冷色系则能使人冷静和行为的向内收缩。这种因色彩引起的生理反应已被很多科学实验所证明，因此我们在环境中应该关注色彩的生理功效，特别是在视觉感受方面更应该关注色彩可能引起的视觉疲劳。比如，我们在逛商场时经常会感到视觉疲劳，这主要是环境中的色彩彩度过高或颜色太多、光线强烈等原因所造成的（图4-3-14）。因而在某些场合中控制色彩的彩度和对比度是减轻视觉疲劳的有效手段，像商场、展厅和大型空间等应该以含灰色系为主，给人留有视觉休息和调节的机会。同时应该考虑视觉余象对色彩产生的错觉，就像我们注视红色一些时间后，视线转向别处或闭上眼睛就会在眼前出现绿色感，这就是色彩的补色原理，这些都是属于色彩的生理效应。

图4-3-13　某茶座
室内色彩的整体效果在于家具、陈设及墙顶地等综合因素控制的结果，同时光线也是极其重要的一个因素。

图4-3-14　某商场
灯箱、招贴、装饰及各种商品的色彩和光色的汇集成为了视觉疲劳的主要原因。

3.心理效应

人们对不同的环境色彩作出的好恶反应，往往是来自于心理活动，这与个人的生活经历、性情及文化修养等有着直接的关系。人对色彩的心理活动是复杂的，正如前面所谈过的与环境、地域、民族、习俗有关，即便是同一个人，其年龄段的不同也会对同一种颜色作出不同的反应。像艳丽的颜色比较适合儿童和青少年，含灰色或彩度低的颜色可能适合于年纪大的人，显得稳重而沉着（图4-3-15）。这种对色彩的接受很多来自于人的心理意识，当然这里有感性也有理性。然而色彩在心理上的效应，表现为情感的因素和象征性是显而易见的，色彩的特性因人的性情不同而

图4-3-15　室内色彩的效应
左图中色彩在环境中具有突出的视觉效果，因而空间氛围在色彩的表现中更显其鲜明的个性和时尚的精神。
右图中含灰色系的应用显得空间环境平静而雅致，家具的颜色在大面积的白色中沉着而稳定，室内的整体格调简洁而明快。

常被多义化，有时变得模棱两可而耐人寻味。

4.3.3.2 色彩与空间

室内的色彩问题关键是色彩的搭配，也就是说，单片的颜色并不能说明什么，只有当颜色与环境结合，色彩之间才有可能形成相互关系，才能感觉到合适与不合适。所以，只有不恰当的配色，没有不能使用的颜色。室内色彩的效果是色彩之间相互协调关系的问题，其中包括光线的配置以及空间形态造型等因素在内。因此，色彩与空间是室内设计研究的一个重要内容，它将解决人们在室内活动中是否舒适和健康的问题，同时也关系到空间和谐与统一的问题。

1. 色彩促进空间功能

色彩有助于烘托室内环境的氛围，对空间功能也有一种催化的作用，例如暖色系温暖而祥和，用于居室、会客厅和餐厅之类的空间能够提高其环境的温馨及舒适度。尤其是在餐饮空间设计中，色彩对就餐心理有着直接的影响，它将关系到人们进食的欲望。像有些颜色就有引起对食品的联想，比如橙色就有胡萝卜、甜蜜和可口的联想，对食欲起着积极的刺激作用。那么，冷色系则有清醒、冷静的功效，适合于办公、教室、工作场地等，其色彩效果能够使人保持中性的视觉感受和平静的心境，有助于提高工作和学习效率。与此相反，对比色的运用则能够调动人们的兴奋神经，在一些娱乐、欢快的场所中非常适用，如歌舞厅、酒吧和健身运动等场所，能够促使人在动感的环境中保持活泼和张扬的心态。由此看来，室内色彩的基调或主调，将会影响场所的氛围，对空间使用或多或少地起到了积极或消极的影响，因此色彩的运用应该与空间功能相协调，总体上应该强化空间的使用功效，并起到积极促进的作用（图 4-3-16）。

图 4-3-16 室内色彩的影响
左图中水池对面鲜明的色块构成了整个室内的视觉焦点。
右图中以红色为主调的空间，促使人兴奋和热烈，场所的个性通过色彩而张扬。

2. 色彩修正空间尺度

在外部空间中由于视距的调整会使并置的颜色产生混合效果，这种效果要比颜料直接混合更加透明和生动，因此这种空间混合称为中性混合。在室内空间中色彩的中性混合表现为墙面、地面和顶棚的三大部分，构成了室内色彩的基调。然而室内中性混合的视觉效果要比户外差得多，原因是室内视距不够，不能像户外有一个很大的调节余地。而且，室内的地面和墙面不只是一种色彩，可能会并置存在多种颜色及色块，形成不同的色彩图形及尺度关系。像室内的家具、陈设以及窗帘的颜色等都会产生交错的色彩组合（图 4-3-17），因此室内色彩关系在有限的空间尺度中显得复杂而多变，必须予以重视。

室内色彩设计的焦点问题在于配色，即基调色与重点色、背景色与前景色以及色块之间的比例和尺度大小等，这些都会对房间尺度产生影响。例如，深色的顶棚有向下沉的感觉，而白色顶则有扩散性和高反射光的效果。白色顶棚使室内明亮，成为理想的背景色。与此同时，室内家具及窗帘占据了室内色彩的一定比例，与背景色构成了室内的整体色调，这些都不可轻视，也是室内色彩效果的控制要点。

　　无论采用什么色系，色彩的支配性在室内空间中仍然占有重要的位置。纯度高且明亮的色彩需要昏暗的色调相配，必然会产生醒目的视觉效果。因此，含灰色系或无彩色（黑、白、灰色）无疑成为背景色理想的选择，也是为重点色或突出某一部分的表现做好铺垫。正如万绿丛中一点红的道理一样，在灰色调背景中，小面积的鲜艳色彩有凸出、向前或扩张感，而昏暗沉着的色彩有后退和内收感，这些都起到空间尺度的调节作用（图4-3-18）。

　　3. 色彩调节空间方位

　　室内光线效果如何与色彩也有着密切的关系，色彩的反射性直接影响房间明亮程度，如暗色吸收光，房间显暗；而亮色反射光，房间显明亮。因此，对于不同方位的房间需要制定不同的色彩计划，并可以根据房间的使用性质和朝向，通过色彩来调节房间自然光线及整体气氛。一般而言，亮色和暖色系用于北向或不见阳光的房间有利，可以弥补室内光线的不足和阴冷感，特别是到了冬季

图4-3-17　室内的色彩对比
蓝色天空的意象，使顶棚具有一种升腾的视觉感，与暖色地面形成了色彩的对比关系，而且家具在其中也起到了呼应的作用。

图4-3-18　室内色彩的搭配关系
亮色一定需要沉稳的背景来衬托，才能更加突出和显耀。

温暖色会起到一定的积极功效。对于阳光充足的南向房间，可以使用含灰色或彩度低的色彩，这样可以吸收一部分光，使室内效果沉着稳定。

　　总体而言，使用相宜的色彩计划可以调节房间因朝向带来的不利方面，如原本阴暗偏小的房间，通过色彩的表现获得亲近和明亮的轻快，就显示出了色彩所具有的一定作用。然而这种色彩的处理还应与材料质地相结合，如果把温暖的颜色与柔软的织物或地毯之类的材料联系起来，可能就更显其舒适宜人。

　　如上所述，我们在谈论环境色彩时必然会涉及到材料，也就是说，现实环境中的色彩一定与具体的材质有关。材料反映了色彩，而色彩则体现于质地，这些完全不同于绘画的色彩，因而其差异性在于环境中的色彩不仅是视觉的，而且还是触觉的。一种由质地、肌

理、纹饰等引起的心理感应，恐怕与色彩感有着内在的关联。故此，环境中的色彩要比绘画的色彩复杂得多，因为它体现了一种立体的、环境的，同时包括尺度和距离的综合效果。

4.4　室内光环境

室内设计师不只是营造一个物质的环境，还是光环境的创造者，一种非物质化的形式在室内空间中发挥着巨大的作用。光作为实用的功能，更具有精神美的表现力。光可以塑造空间，为人们带来实惠和享用，也可能破坏氛围，造成光的污染。就建筑空间而言，我们前面所谈及的色彩、材质及尺度关系等，其实都和光有着紧密的联系，试想没有了光线，我们还能感受到什么呢？因此，室内光环境是室内环境质量优劣的一个度量标准，其中包括了自然光与人工光的环境营造与把握，这是室内设计的一个重要内容，也是不可或缺的知识。

4.4.1　自然光环境

日出日落对于人们来说是一件平凡的事情，很少有人会关注它。然而太阳的运行为人类提供了唯一的自然光源，同时也使地球四季分明，拥有其自身的节奏和特点，这些都是我们每天能够亲临感受和体验的。假如有一天在我们的生活中没有了自然光，那世界将会是什么样就不想便知了。所以，太阳不只是地球上一切生命赖以生存的基础，还是传递某种象征意义和指导我们生活的一种力量。就人类建筑的历史来看，我们从来没有离开过对自然光的探求，就像路易斯·康说的那样："我们都是光的产物，通过光感受季节的变化。世界只有通过光的揭示才能被我们感知。对于我来说，自然光是唯一真实的光，它充满性情，是人类认知的共同基础，也是人类永恒的伴侣。"[16]因此可以说，自然光是我们生活的第一光源，是设计不可忽视的要素之一，也是建筑与室内设计必须遵守的原则。

4.4.1.1　室内采光的三种方式

自然光是建筑与使用者之间建立起一种和谐的关键，一个房间的舒适与否在很大程度上取决于自然光获取的方式及质量。对室内而言，能否和室外直接接触，拥有阳光或自然光是衡量室内环境的一个重要标准，因而采光的形式及手段就成为建筑设计着重考虑的因素之一。尽管在建筑设计阶段，自然采光的方式就已经确定，室内设计并不能改变什么，但是自然采光仍然是室内设计着重考虑的问题。例如，季节的因素使室内光线效果有所变化，而室内窗地比和那些窗棂分格及玻璃的透光率等都有可能影响室内采光的质量和整体的氛围。总体而言，保持天然光源，尊重建筑已有的采光方式，是室内设计应遵循的一个原则，同时也应该认识到自然光是室内设计最为生动的表现形式之一，正象贝律铭大师说过的那样，让阳光来参与设计。因此，建筑的自然采光不只是功能性的，它还蕴含着设计表现的意味。

1. 侧向采光

建筑之所以成为实用的容器，就在于"凿户牖以为室"的原理，因而开窗就成为了建筑的一个重要主题。窗户的形式在建筑立面中形成了二维的构图关系，其作用使建筑内部赢得了光线，成为室内空间与外部的过滤界面，同时也可以是取景框，还可以是人与景交流活动的一个载体。因此，侧向采光是建筑最为常规的开窗方式之一，其优点是可以在建筑良好的朝向面上开启窗户，形式及方法自由而多样，且实用便利，能够与户外取得最直接的联系。不过，窗户的形式及定位仍然是一个重要方面，其中既要兼顾与建筑立面形式完整统一，又要考虑人们在室内往外看的效果，那么室内窗台的高度就是一个可关注的设计因素。这里不仅仅是影响视觉感的问题，而且还关系到安全性，比如低窗台视野宽阔、舒适，但安全性需要考虑，为此在建筑设计规范中对窗台高度就有过专门的条款和要求。另外，侧向采光的窗口不能只理解为是一个单纯的洞口，其实它是一种造型语言，应该有其丰富的表现形式和变化。在满足房间光照、明朗而富有生气的同时，考虑窗口形式及比例关系，包括窗扇、窗棂疏与密的关系等，这些都将会在室内产生不同的光影效果，形成有魅力的光的表现（图4-4-1）。

图 4-4-1 某住宅室内
投在墙上的窗棂影子形成了抽象的图案，生动而有趣，像是一种有生命的表演。

2. 高侧采光

高侧光是侧向采光的一种，其优点在于室内光线比较均匀，可以有效地控制与组织室内自然光的效果，留出大面的墙体用来布置家具、壁饰及墙上陈设品等。这种采光方式使空间围合感增强，室内光线变得柔和，但从视觉上并不感到舒适，所以只有当需要利用实墙面布置什么时，或者室外场景不理想或有特殊要求的房间时，才会采用这种采光方式。当然，也不尽然，高侧窗有时是设计构思的一个亮点，它会形成与众不同的光照效果。例如，意大利设计师斯卡帕在设计石膏画廊时，就使用了高侧窗的采光方式，其中最为巧妙的是三维窗框形式勾勒出一幅奇妙的天色美景（图4-4-2），正如他自己所描述的那样，天窗捕捉到了"天空一线"。类似这样的例子还有很多，如柯布西耶、路易斯·康、西扎等建筑大师都善于利用高侧窗来表现光的艺术。

图 4-4-2 斯卡帕，石膏画廊室内
精致而简洁的小窗，同样成为了艺术品。在光的作用下更显其生动而丰富，使原本一个普通的墙角变得生趣盎然而富有个性。

3. 顶部采光

建筑顶部采光自古有之，其光线效果呈漫射状，均匀柔和，室内不会出现阴影死角。在现代建筑中，顶部采光越来越流行，表现形式丰富多样，其产生的光影效果具有调节室内气氛的作用。特别是在顶部采光窗上安装了百叶窗帘系统，自然光的漫射性被人为控制，随着百叶窗帘的变动，室内光效也发生了变化，生动且自然，并且是一种光的设计与组织（图4-4-3）。然而，顶部采光的技术性比较高，尤其是大面积采光，需要一种结构的支撑，因而顶部的分格及龙骨的构架组织是顶部采光的重要设计内容。各种各样的顶部分格形成了各具特色的顶部采光形式，也给建筑的第五立面带来了表现的生机，室内空间的光环境也因此变得丰富多彩。特别是一些大厅、中庭和共享空间等，大多使用了玻璃采光顶，为室内空间环境的创造迎来了更多的表现机会（图4-4-4）。

图4-4-3 带百叶帘的采光顶
光线通过百叶帘的折射使室内光感柔和、舒适，明亮但不刺目，而且因百叶帘遮挡了一些顶棚构件显其整体、利落。

图4-4-4 北京中国银行总行大厅
采光顶的骨架是设计构成中的元素，正方形的构图在顶棚、地面和开窗中出现，体现了设计构思的整体性表达，技术与艺术得到了完美的结合。

4.4.1.2 室内光的控制

自然采光不仅可以节约能源，还能够在满足人们日常生活需要的同时，对人的心理和生理也是一种极好的慰藉，可以说其他光源无论怎么表现都不能达到自然光所特有的表现魅力。路易斯·康对自然光就有过如此的表白：我不会扰乱自然光线所具有的奇妙本质。是光线创造了空间。[17]自然光使室内环境获得生机，包括地面、家具及各种材质在光环境中所呈现出迷人的色彩及质地，这些都源自光线的作用。而室内光环境的组织与控制就关系到空间实用及效果的如何，良好的光线对房间使用有利，反之，将会带来许多的不便。

1. 开窗大小

开窗尺寸不是随意的，也不是越大越好，是有着技术性要求的，其窗地比就是一个重要的技术指标。像住宅的起居室、卧室等房间的窗地面积比一般为1∶7；教室、办公室及一些需要光线充足的工作间的窗地比应保持1∶5或1∶6。房间窗户的开启大小应该与使用功能相结合，考虑地区环境的因素，如在寒冷和炎热的气候条件下，开窗方式及尺寸大小就各不相同。例如，严寒地带需要保持温度和阳光的直射，开窗方式必须与季节性温差相联系；炎热地带则要对蓄热和直射阳光进行控制，开窗要考虑对流通风。那么，对于温带地区的开窗则有较大的灵活性，室内外空间更注重内外的联系。

除此之外，当开窗满足室内光线需要的同时，还应注重室内光线的艺术效果。小尺度的开窗形式就可以创造出个性的光照效果，在室内空间中形成交替的韵律感，而且墙与窗成为一种图底的关系，窗中的景色更像框景中的画面（图4-4-5）。相反，大尺度的开窗有把室外景色引入室内之势，空间的围合虽然不强，但通透的室内却赢得了充足的光线。对于有些房间来说大开窗可能是有利的，比如客厅、门厅和餐厅之类的空间置身于自然景色之中是非常惬意的（图4-4-6）。不过，在开窗采光中，其形式及尺度的大小、比例应该根据具体的情况来确定，过大的窗户或过小的开窗都不是好的做法，只有切入实际并加以艺术化的处理才是美妙的。光与影实际上是两个并存的设计因素，必须同时考虑才是。

图4-4-6 引景入室
当室外的景致美好时，大开窗形式是恰当的，而且室内装修尽可能简洁，不要破坏这种优美的情景。

图4-4-5 米拉莱斯，苏格兰议会大厦室内
独特的开窗形式使室内光影效果富有个性。图中的开窗形式在功能的伴随下具有"沉思默想之空间"的立意。

2. 直接天光

日光为我们在室内的生活提供了充足的光线，对于室内而言，只要变更窗洞的位置及尺寸就能够使房间的光线产生不同的效果。尽管如此，室内光线与室外不同，当采取侧向采光时，房间一侧得到良好的直接光线，另一侧则处于光线较暗中。这并不意味着房间是黑暗的，而是指光射入房间的一种光线递减，即房间的光线形成渐变过程，房间靠里的一端光线明显偏弱，在阴天情况下更为明显（图4-4-7）。这就说明房间的进深是影响光线质量的一个重要因素，无论窗口尺寸是多大，对于单侧采光的大进深房间总会产生光线衰减区。因而大进深的房间，单侧采光是不利的，

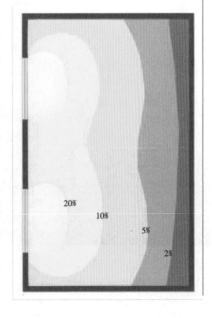

20%
10%
5%
2%

图4-4-7 侧向采光系数等高线示意图
表明房间内光线分布的情况。通常表示工作面高度的受光情况。

尤其是那些精细工作和读书学习的房间，白天就需要借助人工照明来解决室内光线不足的问题。因此，室内设计在面对大进深房间时，就要采取一定的措施，尽可能调节房间光线的不足，比如通过色彩与材料，采用明度高、表面光滑且有良好反射性的材料和颜色来增强室内光线的反射。另外，注重新技术新材料的研发也是积极有效的设计方法，像太阳光反射板技术对于大进深房间的光线调整就起到了积极的作用（图 4-4-8）。

图 4-4-8　福斯特，德国议会大厦室内太阳光反射装置、会议大厅
左图中倒锥体的装置是自然通风系统，面层则是可自动调节的镜面玻璃，能够将户外光线折射到下面的会议大厅。
右图中会议大厅的光线得益于穹顶上的倒锥体太阳反射板装置。

3. 外部反射光

户外的环境可能对室内光线也有影响，这就是说，室内会接受一部分来自室外环境的反射光，如临近的建筑物、玻璃面、墙体、室外地面等，或多或少地把一些光线反射到室内，形成一定的反射光效。这种光效往往在建筑设计时被忽视，但在现实环境中会不时地出现，有时会产生意想不到的室内反射光影，为室内环境带来了或好或坏的光线效果（图 4-4-9）。这种反射光效常随季节的变化而出现，属于一种次光反射，对室内光环境的影响不是很大，可以通过室内设计的方式得到有效地控制和把握。有时，当室内不需要反射光时，可以采用反射玻璃或百叶窗帘等形式来调整室内用光。

4. 室内反射光

窗户使我们在室内就能感受到光照和时间的变化、眺望景色和观察天气等。窗户的功能不仅于此，更重要的是在室内能够获取足够的光线，以满足人们生活、工作和学习

图 4-4-9　室内反射光的现象
北向房间出现了自然光影的效果，是由于临近建筑玻璃窗的光线折射的缘故。

之需要。然而室内自然光的效果与室内反射的光有关，当光线进入到室内，投到墙面、顶面和地面，其反射出来的光是各不相同的，这里主要和光线的射入角度与材质及色彩有关，并直接影响了室内光感效果。像那些办公室、阅览室等长时间连续工作的房间，其表面反射比与照度比宜按表 4-4-1 选取。尽管我们能够感到顶棚的反射比最大，其反射的光直接投向了工作台面，不过顶棚形式、材料及色彩在吸收与反射光方面也是一个重要的因素。浅色顶棚意味着能反射大量的光，对室内采光有利；深色的顶棚则吸收大量的光，使室内光线变得柔和。所以，顶棚颜色的深与浅是问题的关键，顶棚的造型及材料质地也将是调节顶棚反射光的有效方法。

表 4-4-1　　　　　　　　　　工作房间表面反射比与照度比

表面名称	反 射 比	照 度 比
顶棚	0.7 ~ 0.8	0.25 ~ 0.9
墙面、隔断	0.5 ~ 0.7	0.4 ~ 0.8
地面	0.2 ~ 0.4	0.7 ~ 1.0

注　反射比最大数值为接近 1，如浅色、发亮的表面；反射比最小数值为接近 0，如黑色、阴暗的表面。

4.4.1.3　光与影的认知

昼光使室内光影始终处于动态的变化中，一种明与暗的交替变化揭示了时间进程的同时，也表现出了室内空间的真正魅力，就如朱尼基罗·塔尼扎基在他的《赞美阴影》一书中描述的那样："……我们发现事物之美并不在其本身，而融于光影模式之中，明亮与黑暗的交替，一种事物与另一种事物的对比就产生了。荧光石在黑暗中散发出光芒、展现出色彩，但在阳光下这种美就荡然无存。如果没有阴影，美丽就不存在了。"[18] 由此，这段话告诉我们，阴影是创造明亮和变幻光照的重要因素，就如同我们只能在夜晚看到美丽的星空一样，黑夜就是光的魅力所在。所以，光与影是不可分离的，它揭示了自然界中一切可感知的事物。

光是精神的，影是物质的。光与影的关系实质上反映了事物发展的一般规律，正如光的存在使人类能够认知自然界中一切事物的发展和变化。路易斯·康认为，只有在自然光线的揭示下，事物才能实实在在体现其结构品质和本原关系，因而他把自然光视为是时间的载体，是一种魔力四射的建筑元素。关于这一点，我们在他的很多建筑作品中能够充分感受到这种设计思想所传达的力量。同时，我们也能够从他的作品中读出一种时间和生命的感应在强烈对比的光影关系中表现得如此充分，并体现为对自然光艺术表现的高超技巧。然而把光作为一种艺术表现并非康一人，像柯布西耶的朗香教堂所表现出来的光影艺术是独特的，堪称是历史的经典。

在室内空间中，光与影相伴而生，然而人们通常过多地关注了光而忽略了影。其实光线的真正魅力在于影的表现，就像绘画色彩的表现在于暗部，而不是亮面一样，设计光线，也要设计影子。在此方面我们可以从多位当代建筑大师的建筑作品中得到启示。

安藤忠雄的光之教堂（图 4-4-10），是将"光线在黑暗的背景衬托下变得明亮异常。我们只有透过光才能感受到那异常抽象的大自然的存在。与这种抽象性相一致的是，建筑变得越来越纯粹。阳光在地板上投射出的线性图案以及不断移动的十字光影表达了人与自然的纯净关系"。[19] 也正是这种把光的抽象性上升到宗教的层面，表达了安藤忠雄在对精神价值追求的同时，通过建筑的语汇能够很好地把握光与影的关系并予以完好的诠释，这

图 4-4-10 安藤忠雄，光之教堂
左图中光十字成为了空间中最为突出的效果，纯粹
而抽象的语言体现了设计师对光的深刻理解。右图
中光与影在这小小的教堂中表现得淋漓尽致。

是一种何等的创造力，因此他的作品受到了人们的普遍关注。

能够将光影置身于精神层面的另一位建筑大师丹尼尔·李伯斯金德的犹太人博物馆
（图 4-4-11），同样通过光影表达了一种"裂痕"般的伤痛和精神的"虚空"。这种以线形
光影为表现的思路，实际传达了"此时无声胜有声"的一种心境，并且通过大面积的黑暗
使光与影形成了强烈的对比，从而产生的一种震撼心灵的视觉感。由此我们可以感受到影
的表现更能够唤起人们对光明的渴望，正如路易斯·康认为光与影交替生成的关系，正是
激活空间表现的核心，就像一排列柱在光的照射下形成了一明一暗的交替变化，为空间带
来了赋有节奏的光影效果，这无不使人在视觉上增加了更多的兴趣。

图 4-4-11 李伯斯金德，犹太人博物馆室内、外观
这些线形的开窗成为建筑设计表现的重要手段，影
的设计是其着重关注的，因而光线被挤压为线性的
要素，而赋予了其个性的表达和深邃的内涵。

对光影表现情有独钟的建筑大师史蒂芬·霍尔，在他的建筑作品中也很好地演绎了光
影作为非物质的美学精神。他设计的麻省理工学院学生公寓，就是极具特色的一栋建筑，

其中光线的表达更是一种感召力。一些巨大的充满活力的窗洞好似建筑的肺叶，在吸入新鲜空气的同时，把阳光也引入了室内，从而室内空间变得情趣盎然，赋有个性（图4-4-12）。其实霍尔在他的许多作品中都能够看到不同光影表现的方式，可以说光影是他设计的一个情结，是装饰更是一种精神的追求（图4-4-13）。

图4-4-12　史蒂芬·霍尔，麻省理工学院学生宿舍室内
左图中光影在曲面墙体上更显其生动而富有变化，形成了奇异的图案效果。右图中顶部来光使空间有一种升腾感，以此调整光影的方向。

图4-4-13　史蒂芬·霍尔，美国西雅图大学圣·依纳爵教堂室内
室内缝隙光线，强调了光为辅，影为主的光影特色，并增添了几分神秘的氛围和个性、生动的室内空间效果。

4.4.2　人工光环境

照明使人类在夜晚中获得光亮，从而解决了人们在夜生活中所需要的光线问题。人工照明不只是实用的功能，还是意象表达和艺术氛围渲染的重要手段之一。利用人工光源来表现空间及环境并进行艺术加工是当今光环境设计的重要课题，也是室内设计不容轻视的要素之一。对于今天的建筑而言，由于建筑体量和规模的不断扩大，建筑的功能及使用已经成为了一种庞杂而综合的人工环境系统，室内环境仅依靠自然光源是远远不够的。进而，今天的人们越发依赖于人工化的环境中生活，其中人工光环境的发展，便为人们的生活带来了巨大的变化。如今城市人的夜生活时间在不断地延长，人们的生活情趣变得越来越丰富多彩，这就意味着建筑环境需要大量的人工照明。因而，人工照明对于一栋建筑来说是多么重要，它是创造夜晚光环境最为普遍的方法，并且具有较强的科技与艺术的双重特性。

4.4.2.1　照明的概念

照明使建筑空间在夜晚中获得了新生，同时为空间艺术的表现增添了无限的想象。人们对照明的依赖是不言而喻的，然而人工照明的合理与否便是一个专业性的问题，这里包括照度值、光源亮度及灯具选配等都是具有技术性的设计要旨。因而我们对照明的技术性应有充分的认识，它是保障室内环境拥有一个良好的氛围，同时又是室内设计创作构思的一个重要内容。为此，我们对照明的专业术语和概念的学习是一个开端，也是需要掌握的一项知识。

1. 照度

当光通量落到一个面上时它将照亮这个面，这种照明效果被称作照度。所谓照度就是指受照平面上接受的光通量的面密度（图4-4-14），其单位用勒克斯（lx）表示，其中

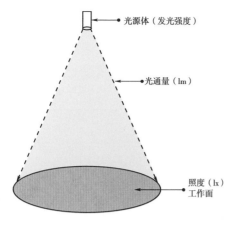

光源体（发光强度）

光通量（lm）

照度（lx）工作面

图 4-4-14　照明照度示意图

$1lx=1lm/m^2$。那么，光通量的概念就是人眼视觉特性评价的光辐射通量。这种视觉特性也称为视觉度，并以光通量作为基准单位来衡量。光通量的单位为流明（lm），光源的发光效率的单位为流明 / 瓦特（lm/W）。

照度的标准是指工作或生活场所参考平面上的平均照度值。我们对照度的要求是以光投到工作台面或桌面上（距地面 0.75m 高）为基准的，因而根据各类建筑的不同活动或作业类别其照度标准也有所不同，一般分为高、中、低三个值。设计人员应根据建筑等级、功能要求和使用条件，从中选取适当的标准值，一般情况下应取中间值。各类建筑及空间使用的照度标准值可以从 GBJ 133—90《民用建筑照明设计标准》上查阅，也可以从有关照明书籍中获取计算方式和方法。

2. 亮度

亮度带有主观的评价，表示为一个物体的外观被相对与其表面发射或反射光的多少，例如在相同照度下，白纸比黑纸看起来要亮些，这是因为白纸反射的光要比黑纸多。同样，光照射到表面光滑的物体比表面粗糙的物体要亮些。因此，对亮度的评价还需要考虑照度、表面特质、背景、颜色等诸多因素。对亮度的理解还在于自发光源和光反射表面，像月亮就可以认为是一个光源。

3. 光色

光源的颜色常表现为一种色温的概念，当一个物体被加热到不同温度时所释放出光的多少取决于辐射物体的色温，这就是光色，单位为开尔文（K）。色温能够恰当地表示热辐射光源的颜色，因而光色将影响室内的氛围，比如色温低使人感到温暖；色温高使人感到清凉。一般色温 < 3300K 为暖，如白炽灯和卤钨灯的色温在 2850K 左右，属于低色温，适用于客房、卧室等房间；3300K < 色温 < 5300K 为中间，如三基色荧光灯管的色温可分为暖白色（3200K）和标准色（5000K），属于中色温，适用于办公室、图书馆等场所；色温 > 5300K 为冷，如荧光高压汞灯的色温可达到 6000K 左右，属于高色温，适用于道路、广场和仓库等。光源的色温还应与照度相适应，照度增高，色温也相应要提高。否则，在低色温、高照度下，会使人感到发热，反之，会有一种阴森感，并且光源颜色的选择宜于室内表面的配色相互协调。

4. 显色性

显色性是指一个光源展示表面色彩外观的能力。这种能力是以日光下物体表面颜色为参考和度量的，其显色指数（Ra）来指定灯的显色性，理想状态下灯的显色指数为 100。在实际中白色光源的 Ra 指数在 50 ~ 90 之间变化。室内照明光源的一般显色指数按表 4-4-2 分为四组。

表 4-4-2　　　　　　　　　　光源的显色指数

显色指数分组	一般显色指数（Ra）	适用场所举例
I	$Ra \geqslant 80$	客房、卧室、绘图室等辨色要求很高的场所
II	$60 \leqslant Ra \leqslant 80$	办公室、休息室等辨色要求较高的场所
III	$40 \leqslant Ra < 60$	行李房等辨色要求一般的场所
IV	$Ra < 40$	库房等辨色要求不高的场所

光源的显色性是室内光环境设计的一个重要因素，因为室内色彩与光线是不可分离的，尤其是在灯光下的物体颜色往往受光色影响而失去其真实性。要体现设计的色彩意图，保证色彩环境的真实性，就应该采用显色性好的灯光，如商业空间、餐饮空间、展示空间等场所应该具有良好的色彩环境（图4-4-15）。从视觉上的分析，在显色性好的光源下，物体颜色的真实性比较高，在相同照度下显色性好的光源比显色性差的光源在感觉上要明亮，而且在视觉舒适感方面也有所不同。就此而言，光源的显色性是营造良好室内光环境氛围的一个重要指标，其良好的显色指数可以更好地表现出物体色彩的真实性，像金属卤化物灯就是显色性高的光源，其光色从暖黄色到日光色各色不等，光色丰富，效果明显，在当今宾馆、商店、写字楼等室内外空间照明中发挥着巨大的作用。

图4-4-15 灯光营造出的色彩环境
左图中商品在高显色性的灯光下显得格外亮丽，刺激着人们的眼球。
右图中餐厅需要显色性高的灯光，目的使菜品更加新鲜和诱人，增加人们的食欲。

4.4.2.2 照明的方式

照明是人们夜晚空间体验的一个先决条件，好的室内灯光能够创造有利于人们工作、学习和生活，也能够得到更多的空间体验及享受，包括能够振奋人的精神、提高工作效率、保障人身安全和健康以及增强空间艺术表现力。因此，室内照明设计不是随意布设的，要体现合理、实用和艺术性。要警惕照明光污染的问题，其中应该避免不恰当的且过度的照明。要以保护视力、节约用电为原则，理解光能对环境及人既能起到积极的作用，也能产生不良的影响。同时，室内照明设计是利用光的一切特性，满足于人们的实际需要，并且是创造舒适环境的有效方法之一。

1. 建筑照明

建筑照明多指室内基本的功能性照明，其主要是以照亮房间及作业面为目的，如直接照明、间接照明和漫射照明等。这种照明方式既是建筑整体性的光源布置，又是以实用性为原则的照明组织，其明显的特征是均匀的光线能够满足人们日常生活、工作和学习之所需，从而为人们提供了持续性的照明使用及经济合理的耗能对策。

（1）直接照明：能够获得很高的照度，有易于维护且费用少的特点，光通效果向下输出的光达90%～100%，其主要灯具选型有吊灯、明装荧光灯和嵌入式荧光灯、工矿灯及吸顶灯等（图4-4-16）。直接照明是人们工作、学习和生活不可或缺的人工光源，因而视觉感受及人对作业面上的光线强弱便成为照明设计中值得关注的问题。一般而言，作业面邻近地方的亮度应尽可能低于视觉作业面的亮度，最好不要低于作业面亮度的1/3；视觉作业周围的视野平均亮度应尽可能地不要低于视觉作业亮度的1/10，以此减轻因光线强弱的对比产生的视觉疲劳。

图 4-4-16　直接照明

左图中格栅荧光灯是办公空间最为常用的一种照明方式，高效节能而经济。

右图中直接照明的艺术性往往是在于灯具造型，其形式多样，价格不菲。

（2）间接照明：是属于折射光的照明方式，把更多的光线投向顶棚或其他表面，再折射或反射到空间中。比如图 4-4-17 中位于顶棚上的反光檐，其光源受到遮蔽产生了间接照明，使光线呈折射状。这种折射光源使室内光环境柔和、无阴影且消除了眩光，具有"见光不见灯"的效果。此类照明方式一般用于公共空间和对照度要求不太高的环境中较为合适。另外，反射型吊装灯具、反射型壁灯等也都能形成间接照明的效果。

（a）　　　　　　　　　　　　　　　　　　　　　　（b）

图 4-4-17　间接照明

（a）某银行大厅：光檐照明在顶棚与墙面连接处内置光源，形成光带效果；

（b）电梯厅：间接光给人心绪安稳、环境平和之效果

（3）漫射照明：有光源明露式和带罩式两种，光向四周漫射，形成泛光的效果。室内光环境柔和，维护简便，但实际应用在逐渐减少，其主要是光源明露可能会形成一定的眩光，带罩式灯具其灯罩板透光率较低等原因（图 4-4-18）。特别是对于一些作业场地及要求光线高的工作、学习场所不宜选用此类照明方式。

（4）应急照明：是正常照明故障时所使用的照明，包括疏散照明和备用照明。这种照明要在应急状态时确保疏散标志的可识别，并能够按照指示方向安全的疏散。所以，灯具装置必须要考虑上述的特性并符合相关专业的要求和条款的规定，安全性是最为重要的（图4-4-19）。

图4-4-18 漫射照明
图中球形灯具属漫射照明，其玻璃罩工艺考究，有很好的装饰效果，不过透光性有所折损。

图4-4-19 应急照明
应急灯一般设置于疏散通道及出口处，并具有明显的指示性，在室内设计中不容忽视。

2. 重点照明

照明的意义不只是照亮空间，满足人们的一般需求，而且还可能对重点部位及物体做专门的照明设置，如在商场中，经常有一些重点照明，其目的是突出某一部位或商品，吸引人们的注意力，同时也增强了商品的感染力（图4-4-20）。这种照明的手段不仅仅用于商业空间，在各类室内空间及环境中都有所应用。

图4-4-20 重点照明
左图中轨道射灯及单只射灯常作为重点照明的方式，效果突出，易维护。
右图中嵌入式射灯也是重点照明常用的光源，可以与设计造型相结合，达到见光不见灯的效果。

重点照明一般以点光源为主，灯具选型多为金卤射灯、吸顶射灯和嵌入式射灯等，光感效果突出，显色指数高，且有很好的光线表现力。在很多室内空间中重点照明都能发挥其一定的积极作用，甚至在家庭中也能够获得良好的表现。不过，这种布光方式也容易形成随意性，运用不好会适得其反，所以要宁少勿多，防止光污染的出现。

3. 装饰照明

照明具有刺激和影响人的情绪，调整室内氛围和塑造个性之功效。室内空间的艺术表现离不开照明的手段，特别是装饰性照明更是烘托空间环境的主要方法。无论是在何处，

图 4-4-21　某酒店大堂
装饰性照明具有渲染环境的功效。同时空间形态及造型在光线勾勒下尽显其迷人的光立体效果。在明与暗的变化中构成了一幅幅光耀生动的画面。

夜晚的照明都会给人带来无限的欣慰和精神的鼓舞。当你走进宾馆的大厅或餐厅会被那些绚丽的灯光所吸引，不管是那些豪华的灯具，还是变化丰富的装饰照明，都体现了一种设计意图和场所的个性表现。即便就是在家里，装饰照明也会为你创造温馨而舒适的环境，一种由照明创意带来的轻松油然而生，从而使人的整个心声得到了缓解。由此看来，装饰性照明关注人的心理情绪的调节，通过灯光的组织和变化来创造一种理想的室内环境。照明的方式应注重创意和恰当的表现，其中重要的特性在于强调光的魅力及艺术性的表达，诸如反光灯带、见光不见灯的暗藏式布光以及各种方向的光线设计等。这些结合于室内造型、将光与形有机巧妙的组合，实际上是创造了一种光立体的环境氛围（图 4-4-21）。

4.4.2.3　照明的艺术

光环境和其他设计元素一样能够表达更多的含义和一种生活的品质。总体上，人工照明是一种非物质形态化的设计要素，同时也成为空间艺术表现的一个载体。然而，今天的照明艺术性不在于灯具造型，而是转为了对新光源的关注与应用，诸如 LED 发光系统是设计师创造新观感的重要素材。LED 灯光作为新的光源，应用的范围越来越广，在设计领域大有施展天地的机会，并为室内设计带来了创意的无限想象。我们从 2008 年奥运会开幕式上就领略到了 LED 发光系统所具有的出色表演及震撼人心的一幕。与此同时，光纤照明也开创了新时代的照明技术，其最大的优点是在潮湿、高温或者不易接触的地方都能提供良好的照明效果，其艺术的表现力更像是缔造了繁星闪烁般的水晶星空（图 4-4-22）。

今天，我们正经历着一场新光源的变革，照明作为一种产品得到了空前的研发和应用。电子照明技术与新光学系统的不断推新，促使着照明产品向更广的方面延伸。照明与创意的紧密结合，给设计师的创作带来了广阔的天地，从某种意义上设计的构思可能来自于照明艺术的启发。人工光的无限表现的魅力正体现了现代照明技术的发展成果，其技术与艺术集一身的品质能够满足设计师的各种要求，完全可能取代传统的装饰手法，光的表现成为了当今室内设计最为时尚的一种美。例如，大量的艺术家和设计师把目光都聚焦于新的照明领域，像 LED 灯光系统在设计师的手里扮演起互动艺术的表演角色，一种光的装

置艺术孕育而生，在室内空间中成为新视觉艺术的代表（图4-4-23）。为此，室内设计艺术也正接受着一种新的挑战，这就是照明的定义不仅仅是物理性能的，还是设计思考的，其艺术价值在于对人的情绪调理及引导。

图4-4-22 光纤照明
左图中游泳池旁设置的浴池使用了光纤灯，使水中的台阶清晰可见，并照亮了水池内部。
右图中天花板上的光纤照明像满布繁星的夜空，吸引着人们的视线，神奇而浪漫。

图4-4-23 LED照明
左图中LED照明在半透明玻璃覆盖下有着别样的效果，而且灯光能够变化颜色，效果突出。
右图中建筑的立面被LED照明系统所取代，成为了新的时尚美的象征，为城市夜景增添了一道绚丽多彩的风景。

　　尽管如此，照明艺术的表现，必须考虑节能、安全和环保等与可持续发展主题相联系。对于新光源技术需要有深入地认知和学习，比如LED属于发光二极管，是一种半导体固体发光器件，其生产过程对环境无污染、能耗低、寿命长且环保等优点。不过，如何将新的光源融入到空间环境中并与实际使用相协调，恐怕是一个设计问题。但是，设计师在面对新的技术总是表现出一种矛盾的心理和浅薄的意识，并不能理性地对待艺术与技术的问题，因而在实践中出现了许多过度表现，如光线泛滥的问题。尤其是在室内设计中，光艺术的表现更显其随意和简单化，对光的品质与环境的品质不能综合的考虑和有机的结合，造成了很多浪费和不尽如人意的设计，这些都是有悖于我们提倡节约、环保和人性化服务的宗旨。因此，照明艺术应该立足于舒适、够用和简明，突出重点，并以适度的表现带给人们视觉的愉悦和心情的畅快为目标（图4-4-24）。

图4-4-24　室内照明的巧妙设计
左图中简单的节能灯管及竖向的布设体现了实用和便利。照明设计着眼于光而非灯具造型。室内光线柔和且有几分惬意和光立体的效果。
右图中一个轻松而富有设计感的落地灯点化了空间的休闲性质，手法简单而实用。

　　如果把室内空间的素材比作烹饪中的调料的话，那么，我们所强调的这些素材便是空间的"调料品"，它调节着室内的整体气氛和品位，为人们提供着环境的舒适和惬意。然而，无论是尺度、材料、色彩还是光线等都不会自动地成为环境的要素，一切都来自于设计师的构想和素材的组织与应用。所以，一个室内设计师是空间情绪的创造者，也是控制者。室内空间的技术性在于设计师对物质要素的理解和把握，而艺术性则来自于设计师内心的审美感悟和独创性的表达。

本章参考文献

［1］～［3］ 龚锦编译. 曾坚校. 人体尺度与室内空间［M］. 天津：天津科技出版社，1987：7～9.

［4］ 庄荣，吴叶红编著. 家具与陈设［M］. 北京：中国建筑工业出版社，1996：26、27.

［5］、［6］、［7］ 王华生，赵慧如，王江南编. 装饰材料与工程质量验评手册［M］. 北京：中国建筑工业出版社，1994：80、80、253.

［8］ 陈丁荣. 建筑陶瓷. Tiles 墙地砖［D］. 中国建筑学会室内设计分会，北京华标盛世信息咨询有限公司，2004/2005.50.

［9］《绿色建筑》教材编写组编著. 绿色建筑［M］. 北京：中国计划出版社，2008：397～399.

［10］、［16］［美］肯尼思·弗兰姆普敦著. 建构文化研究［M］. 王骏阳译. 北京：中国建筑工业出版社，2007：174、243.

［11］ 扎哈·哈迪德事务所. 香奈儿流动艺术展馆［J］. 包志禹译. 北京：建筑学报，2008（9）：72.

［12］［瑞士］约翰内斯·伊顿著. 色彩艺术［M］. 杜定宇译. 上海：上海人民美术出版社，1985：3.

［13］［美］阿摩斯·拉普卜特著. 建成环境的意义［M］. 黄兰谷等译. 北京：中国建筑工业出版社，1992：103.

［14］ 李泽厚著. 美学三书［M］. 合肥：安徽文艺出版社，1999：11.

［15］［美］鲁·阿恩海姆著. 艺术心理学新论［M］. 郭小平，翟灿译. 北京：商务印书馆，1999：282.

［17］、［18］ 转引自［美］玛丽·古佐夫斯基著. 可持续建筑的自然光运用［M］. 汪芳，李天骄，谢亮蓉译. 北京：中国建筑工业出版社，2004：37、204.

［19］ 安藤忠雄. 光的教堂［J］. 北京：世界建筑，2003（6）：96.

本章图片及表格来源

图 4-1-1～图 4-1-8、图 4-1-10、图 4-1-13、图 4-1-15～图 4-1-22：龚锦编译. 曾坚校. 人体尺度与室内空间. 天津：天津科技出版社，1987. 作者改绘。

图 4-1-12：杨公侠著. 建筑·人体·效能—建筑工效学. 天津：天津科技出版社，2001. 作者改绘。

图 4-1-27、图 4-2-13、图 4-2-14、图 4-2-16、图 4-2-20、图 4-2-24、图 4-2-25、图 4-2-26、图 4-4-5、图 4-4-8、图 4-4-11、图 4-4-12：世界建筑，10/1999，09/2001，02/1992，09/2002，07/2001，04/2006，02/2001，09/2003，04/2006，04/2000，10/1999，10/2003。

图 4-4-8 左图：［英］乔纳森·格兰西著. 建筑的故事. 罗德胤，张澜译. 北京：生活·读书·新知三联书店，2003.10。图 4-2-7、图 4-2-18、图 4-2-22、图 4-4-2：

ABBS 论坛。图 4-2-23、图 4-4-4：建筑学报，2008.9，2002.6。图 4-3-3：左图来自 ABBS 论坛；右图来自空间 Vol23Nov2000。

图 4-3-6：网易图片。图 4-3-7 右图：百度空间。

图 4-3-8：（a）http：//blog.sina.com.cn/jlfmsyh，（b）http：//club.sohu.com，（c）Cbsi 中国·PChome.net。

图 4-3-11：新华网。

图 4-3-15：左图来自装饰装修天地，2004/7；右图来自 INTERIOR DESIGN CHINA，2004/11。

图 4-3-16：左图来自照明设计，NO.34；右图来自 WORLD ETHNIC RESTAURANTS，Publisher:Sueyoshi Murakami。

图 4-4-10：左图为世界建筑，06/2003；右图为安藤忠雄的作品与思想（合集）– ABBS 论坛。

图 4-4-13：ABBS 论坛。

图 4-4-22、图 4-4-23：照明设计，左图来自 NO.34，右图来自 NO.36、NO.31。

表 4-1-1 ~ 图 4-1-7：杨公侠著. 建筑·人体·效能—建筑工效学. 天津：天津科技出版社，2001。

表 4-2-1 ~ 图 4-2-6：王华生，赵慧如，王江南编. 装饰材料与工程质量验评手册. 北京：中国建筑工业出版社，1994。

表 4-4-1、表 4-4-2：民用建筑照明设计标准，GBJ 133—90。

其余图片除注明外，均为笔者拍摄和提供。

Unit 5

第5章　作为场所的室内空间

- 建筑空间只是作为人们活动的背景，而领地的划分在于，空间可识别的界定，因而特质的空间是场所营造的着力点。
- 建筑的场所可以理解为是"一种空间意义上的社会单元"，因而场所的特性必然受到诸多社会文化影响力的作用。
- 人们对环境的判断是通过视觉等感觉器官获得的，无需对方解释什么，便可身临其境的感受并评判环境的好与差，这就是一种非言语的交流方式。
- 空间作为场景的概念，可能比功能的理解更为深入，因为场景被设置为清晰、稳定和强有力的规则，亦可指导人们行为，还可以设想为人们扮演各种角色的舞台。

5.1 领地的空间

领地的空间在于建立一种"公共"与"私有"的概念，二者在空间上存在着划分的关系，即公共与私有是通过界定的方式表示的，也就是说，公共领地是开放的，私有领地则是界定空间的可进入性及实施监管的力度。这种可辨别的领地意识实则是一种动物属性，就像陆地上的很多动物以自我的尿液来圈定属于自己的领地一样，人类是以界定的方式来强调属于自己的领地。很显然，人类为领土之争从未停止过，即使在今天高度发达的社会中，人类还没有学会避免为领土争端而引起的冲突。不过，人类与动物所不同的是不仅把世界划分为地理上的不同领地，而且在意识中也形成了领域的概念。诸如，自然与人为、我们与他们、男人与女人、公共与私有等等，这些意识往往是借助于各种有形或无形的形式表现的，其中"领地的空间"是人们最为熟知的一种表达方式。

5.1.1 公共领地

城市之所以富有活力就在于拥有各种各样的领地划分，或者说是场所的分配，其中公共性领地是城市中最为活跃的元素，它承载着城市的公共生活，同时也传达了城市的特色。城市作为一种空间形象，拥有大量界定清晰、特色鲜明的场所，如图书馆、火车站、展览馆、影剧院、酒店、商场等等，决定这些场所的物质特征是其主题的识别性，可能包括多种多样的构成要素，像空间、尺度、色彩、质地、标识等在从中发挥着积极的作用。因此，公共领地的概念正是在一种可交往的空间环境中获得发展，成为家之外的一种与他人接触、交谈和见面的场所，这不只是感观的，而是行为的体验与参与。所以，今天的建筑空间作为人们活动的背景，需要人们积极的参与才有其存在的价值。我们对公共领地的探讨也正是以环境行为为出发点的一种分析，绝不是什么风格或空洞的形式演变。

5.1.1.1 聚集领地

聚集性是人类活动的一大特征，而城市的意义则体现为聚集领地的开敞空间，其公共性性质决定着可进入的程度、使用的范围以及等级标准等，这些都反映了一定的社会性和公众的意愿。即使是在家庭中也具有聚集性的概念，比如客厅就是住宅的中心，它仍体现开敞性的空间特征。因此，探讨聚集性就意味着集体性，或者，空间领地的主张要以集体的意愿为原则，尤其是对于公共空间的设计，空间或环境所要涉及的是公众的利益和被认同的机制。

在现代室内空间中，场所意味着行为与需要，一种与人交往的领地，在城市各类场所中表现得习以为常而非常活跃。像人们聚集在购物中心、剧院、酒吧、餐厅及夜总会等场所，体验着一种公开或匿名的社交，如同过去的剧场、教堂、浴室是一种社会性聚集的场所一样，今天的这些社会性场所已经演变成了各种各样的公共生活。在此，人们可以随心而愿，来去自由，享受着由环境营造带来的交往与休闲。这种随意自由的方式接近于城市的概念，符合人们的普遍意愿及饶有兴趣的生活，因而一些社会性的场所正是通过建成空间的方式得以表达，并赋予其集体的功能及行为。

社会性的场所能够唤起聚集感在于空间环境的设置对社交活动起到了催化作用，同时反映了今天的城市空间更趋于社交性的发展，它即是场所，也是生活，人们的参与意愿受到了普遍的重视。然而，大量的人群聚集在室内就像是一个微缩的社会，变得错综复杂，如公共汽车上的人群，不仅相互间施以影响，而且还包容着人与人之间的拥挤或磕碰，暗示了场所的社会性及集体的意志（图5-1-1）。与此相同的大型聚餐活动也同样具有这种复杂的形式，空间中熙熙攘攘的人们，给人一种志趣相投或者在共同环境下人人平等的感觉，尽显其场所的社会性一面（图5-1-2）。这种社会性的交往将集体空间转变成了社会的场所，也说明了"有组织的空间形式，它们能为社会交往提供更多的机会和动因。空间不仅扩大了人们接触的机会，促成了看与被看，从而将人们聚到了一起"。[1]

图5-1-1 公交车上的拥挤
车厢中蕴含着各种复杂的心境，人与人的关系此时更体现为场合的集体性。

图5-1-2 集体的聚会
在聚集的场合中，不同身份的人们会显出几分平和，一种相互等的机制在场所中得以体现。

5.1.1.2 领地主张

公共领地意味着任何人均可进入，而建筑空间中的一种集体意向或主张便成为领地的主要属性。人们可以随时随地进入一个开放的空间，如同酒店的大堂，每天迎送着八方来去的宾客。场所的性质显示着个人或群体有机会按照他们的意愿来选择，由此场所的公共性在人们不断地参与中得到认同和接受。领地的主张正是着力于集体或者更多人群的意愿，而不是以个人意愿为基准的，是站在多数使用者的角度来对待空间与环境的，就像赫兹伯格在他的《设计原理》一书中描写的那样：

"在设计每一个空间和每一个局部时，当你意识到适当程度的领域主张，以及相应的与相邻空间的'可进入性的'形式时，那么你就能在形式、材料、亮度和色彩的连接处表达这些区别，进而创造出某种秩序，而这又能使居住者或来访者更加清楚建筑物所创造的不同空间层次的氛围。场所和空间可进入性的程度，为设计提供了良好的标准。建筑主题的选择，它们的连接、形式和材料，部分地取决于一个空间所要求的可进入性的程度。"[2]

　　由此可见，公共领地的社会性功能远胜于审美的吸引力。例如，就餐厅而言，餐桌布置就是重要的设计因素，如果餐桌布置得宽松，舒适度有了但同时就餐的人数就会减少，反之，过于拥挤的餐桌布置使人员相互之间磕碰的几率大大提高，一种潜在的冲突或不安全就会时有发生（图5-1-3）。因此，公共领地的主张应该反映空间的特质，思考人与人之间的关系，而不应该停留于一种装饰风格演绎下的所谓个性，更多地是取决于使用者或来访者的共同利益。

图 5-1-3　餐桌的布置
左图中宽松的餐桌布置保持了公共领地中的私密性，舒适而惬意。
右图中偏挤的餐桌布置带来了高效地使用空间，但也容易引发不愉快的事情。

　　那么，对于一个公共领地来讲，领地的主张是通过一种设置或形式传达的方式使来访者或使用者无需指点即可领会，并表现为"可进入性的"程度。这种情景我们可以通过对酒店的客房区与大厅的比较，便可感受到一种完全不同的领地主张的意向。我们从图5-1-4中的两张图片所展现的场景来看，空间领地的主张往往通过环境的设置得以表现并传达出领地的特质。然而，有时在同一空间中也会出现不同的领地主张，像家具布置的方

（a）　　　　　　　　　　　　　　　　　　　　（b）

图 5-1-4　某酒店大堂与客房
（a）酒店大堂：空间的情景表明了开放的程度，领地主张着力于视觉张力的表现，进而树立一个场所的中心感；（b）客房区：环境的安静感已表明了领地可进入的程度，其中严密的门提示着房间是私人领地，来访者需按门铃或叩门方可进入

式就可能有抑制"可进入性的"暗示（图5-1-5）。这就表明了领地主张的界定有时是含蓄的，是一种空间的变量关系。而"公共"与"私有"则又是一个相对的概念，有时可以"理解为是一系列的空间特质，即渐次表现为这样的关系：可进入性的——责任性的——私人产业和实行监管的特定空间单元"。[3] 因此，空间的特质很大程度上也在于环境的布置，而这种布置又体现为领地主张的等级表现，如开放与半开放、私密与半私密等。空间的集体意向总是在使用的过程中被人们所感受，并作出一种积极或消极的反应。

图 5-1-5 某酒店大厅一角

沙发布置过于紧凑，且形成近距离的对视，因而具有抑制陌生人进入的可能。当有人占据其中，即便还有空座，陌生人一般情况下不大愿意参与其中。

5.1.1.3 领地监管

空间领地的划分，意味着空间中形成了领地主张与领地监管及维护。对于公共空间而言，领地的监管是集体的，因为它的开放性就已表明了场所的性质是任何人都可进入的，自然对领地的主张和场地的维护也应该为公共的，完全不同于私人领地。设计师应该充分意识到这种差异性，在设计中关注领地的监管与维护，特别是对于公共空间的环境设计就值得认真研究。

我们对领地监管的理解，不只是一种责任，也不是特定环境下特定的人来监管，而是在公共场所中建立一种公共意识，即公众是公共环境维护的主体。每一个使用者或来访者都享有使用公共场所的权利，同时也有一份责任来维护或监管它。设计师同样是其中的一员，只是设计师担负着用设计的形式来表达对公共领地的理解，并且为此建立一种良好的环境运转机制。然而，公共领地的监管不单是设计的问题，还包含着一种公众意识。虽然在环境营造方面，通常是依靠集中性的决策，即设计师与建设者而非使用者，比如通过设计及制度的方式使环境形成秩序。不过，这种看似有效的规则制定，有时会使人们对此产生抵触的心理，其原因是设计的主观意志过强，在营造环境时排除了人们的希望，一种参与的意愿被轻视。由此人们对环境的布置常常表现出冷漠而无视它的存在，并出现了一些与空间意向不符的行为，有时完全与设计师的设想相左（图5-1-6）。这些情景表明，对于各种领地监管与维护绝非只是依靠设计的一般规则所能达到令人满意的程度。尽管设计师对功能及使用并不陌生，但是人的行为的潜在因素应该纳入设计思考的范围，这里需要尊重使用者参与热情的同时，还"应该让人们有打下个人印记、表达个人特性的机会，并作出自己的贡献。通过这一途径，它可以被大家所共同占用，作为一个真正属于大家的地方"。[4]

图 5-1-6 某车站候车厅

在过往的通道上娱乐，无视于公共场所的特性，空间的秩序及监管在此不能得到人们的理会。这种看似个人的行为，但无不与设计有关。在漫长而单调的候车中，设计应该考虑并提供人们多样的活动空间及设施。

我们可以通过住宅来进一步分析公共领地的集体属性，从而加强我们对公共领地监管与维护的认识。对于住宅，我们可以理解为是私有领地，其监管的性质属于个人。但是，作为集合性住宅的建筑则又有公共性领地的一面，比如屋顶、电梯厅、楼梯间、室外场地和建筑立面等区域，这些都具有集体归属的性质。然而在现实中，有人并不意识到这些，个人的行为往往不顾及公共性的维护，像在屋顶上加盖小房、扩建自家的小院以及拆改建筑门窗等事情时有出现。这种带有明显的个人行为实际上给公共监管带来了不利的影响，同时也侵害了集体的利益（图5-1-7）。远非如此，在一些公共场所中个人的行为同样给环境的监管与维护带来了麻烦，人们无视于在公共领地中的维护责任，任凭个人的意愿行事，即便就是竖立再多的告示牌也无济于事（图5-1-8）。由此来看，对于公共领地的维护，既需要通过设计施加一些影响，又要求使用者自身加深认识，同时还需要设计师在环境组织与构成方面应该更多地探讨人的行为心理及需求，使室内环境设计更着力于一种服务意识，而人性化的设计在于关注了生活细节及人的行为特征所作出的对策。

图 5-1-7 某住宅的装修
人们在装修中拆改了建筑立面中的门或窗，使建筑整体立面遭到了破坏。这实属个性扩张的结果，也是无视于集体利益的一种表现。

图 5-1-8 某火车站候车厅
"请勿坐卧"的标识好像不起作用。人们用行为来回应场所的不尽如人意。这种景象令设计师反思。

5.1.2　私有领地

公共领地的对立面便是私有领地，二者的概念是相对的，在现实环境中"公共的"和"私有的"可以理解为是一种"外部"与"内部"的关系，也可以说"是个体和集体及其之间相互关系和相互承担义务的问题"。[5] 那么，私有领地的空间特质就是"由小的群体或个人决定可否进入的场所，并由其负责对它的维护"。[6] 私有领地的监管责任及场所个性也在于其"内部"，空间环境的营造更多地是考虑个体的需要和主张。

5.1.2.1　可防卫的领地

一个空间或场所被认定为私有领地，取决于可进入的程度和监管的方式，谁来使用谁维护的责任意识也必然在此得以体现。像住宅的私有性就很明确，主人便是领地的监管者和维护者，因而住宅被普遍认同为是可防卫的私有领地，受到法律的保护。从这一点来看，私有领地的主张体现了一种可防卫的特征。不仅仅在住宅方面，像教室或办公室之类的空间也具有一定的可防卫性，它限制了外人可进入的程度，环境的监管权自然是班集体或使用房子的人（图5-1-9）。尽管他人也能够进入教室或办公室，但是仍需要征得房间里的人或房主的同意，而不能随意的闯入。因此，私有领地实际上是加强了使用者的领地主张，并形成了明确的监管方式和执行力度。有时还会使空间环境增添额外的含义，如人们会对属于自己的房间或领地做出明确的"可防卫的"意向，通过装修或环境布置来表达他（她）的意愿，以此传达出局部的差别和一种自我监管的权利（图5-1-10）。

图 5-1-9　开放式办公环境

领地的私有性可延伸到自己的工作台面。每个人在此承担着空间领地的双重监管的责任，即对环境及自己工作面的维护。

图 5-1-10　领地的私有

在集体空间中领地的私有来自于约定，而非是围合的概念，因而布置的方式也体现了个人的意愿。

领地"可防卫的"概念，在于人类领地的行为意识，即人们认同于空间环境中的私有、半私有、半公共和公共领地的界定。同时，在不同领地之间应该保有明确的界限，包括实际的和象征的。这种领地的分明，反映了人们一种空间归属的意愿，这不只是领地的私有归属，即便在公共场所中人们对临时性领地占有同样提出了一种空间归属的要求。对此我们应该清楚地认识到人们这种空间归属意识，实则表现为一种"可防卫的"空间意向。现在，就以一个餐厅方案为例（图5-1-11），来了解空间可防卫性在公共场所中的表现。从图中所示，餐厅平面的划分更多地考虑了不同领地的空间概念，发展了一种空间归属感和"可防卫的"空间意向，并以此在公共空间中研究领地之间的差异性及人们对不同领地的行为心理。针对于此，我们还可以用密斯设计的范斯沃斯住宅为例，来进一步探讨"可防卫的"空间心理在生活中的重要性。就此住宅而言，由于设计师强化了主观意志，使空间具有一种流动和通透的视觉效果，但是对居住的可防卫性考虑不周，没有保全一个女医生所应享有的个人居住的私密权，因而被女医生起诉（图5-1-12）。从

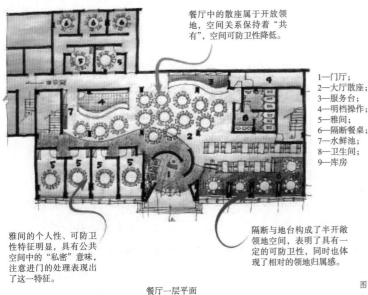

餐厅中的散座属于开放领地，空间关系保持着"共有"，空间可防卫性降低。

1—门厅；
2—大厅散座；
3—服务台；
4—明档操作；
5—雅间；
6—隔断餐桌；
7—水鲜池；
8—卫生间；
9—库房

雅间的个人性、可防卫性特征明显，具有公共空间中的"私密"意味，注意进门的处理表现出了这一特征。

隔断与地台构成了半开敞领地空间，表明了具有一定的可防卫性，同时也体现了相对的领地归属感。

餐厅一层平面

图 5-1-12　密斯·凡德罗，范斯沃斯住宅

除卫生间为私密性封闭空间外，其余均为开敞空间。居住环境去除了个人私密生活的内容，因而人的"可防卫的"心理需求被冷落。

图 5-1-11　某餐厅平面布置图

此方案为改造项目。设计关注于场所新秩序的建立，其中不同领地的界定是重要的设计构成，而环境中人的行为心理及需求则是着重思考的问题。

某种意义上讲，设计师过于坚持自我的主观意志，有时就是对使用者的一种伤害，因而设计师必须持折中主义的态度。如果从居住角度的进一步分析，领地的可防卫性应该是居住的重要问题，其中安全性、私密性和个人意志的存留（包括个人性情、爱好和习惯等）都是对人性的一种尊重。那么，我们对私有领地的理解还不能只限于个体，它还包含集体或团队。对于一个团队或小的集体而言，对外可能就是属于私有，对内可能又是集体的。因此，我们在对待私有领地的问题上不能只理解为个体的"私有"，而是从场所权益的维护及人的意愿表达上思考集体和个体的转换关系，并且通过设计的手段使环境的监管力度增强，领地的可防卫性有所提高，这些都是对"私有领地"的一种诠释。

5.1.2.2 个性化的领地

私有领地具有明显的自治性，住宅就是一个充满个人自治的场所，无论是室内空间布局，还是室内装修以及环境陈设的摆布等都加入了使用者的意见。人们对环境营造所表现出的热情反映了人的个性追求，也体现了人的需要和愿望。这种将生活的理念与个人性情爱好融入空间环境的营造中，是人的本性在私有领地中的一种张扬（图5-1-13）。这种看似带有个人情绪化的所为，其实表现出了居住的社会性，一种当代人对生活与环境的态度。换言之，住宅的功能概念应该理解为是"一种空间意义上的社会单元"。[7] 就此而言，住宅是城市环境中最小的生活单元，其场所的个性必然受到诸多社会文化影响力的作用，包括审美、财富、身份以及人与人的社会关系等，这些必然会在其所拥有的领地中得以表现，因而住宅领地可以看作是现代社会的共享生活观与个性审美的混合物。由此，我们在空间设计中应该保持和尊重使用者的意愿，为其留有表达自我个性及生活希望的机会，在对待具体的设计时要体现对生活的关怀，如厨房操作台柜的布局、卫生间的设施、储物空间的设置等都与个人行为特点及生活习惯有关。同样，家具与空间尺度的关系是否适宜和舒适，

图5-1-13 某住宅室内
卫生间与卧室之间形成了良好的视景空间。空间环境因此成为了释放个人性情的介质。

环境设计是否和谐且实用，能否满足人们的生活志趣等，这些问题虽为琐碎，但着实能够为人们的生活带来更多的实惠。

然而，在公共空间环境中，个性化的问题变得错综复杂，特别是那些富有创意的设计显示了场所差异和领地主张的个性意识的同时，个性社会化的倾向显而易见。在今天的各类设计中，个性的表现显得纷繁花哨，并成为了普遍意义上的一种创作时尚。无论是设计师还是学校的学生都相信个性的价值，一种创新和发展个性的本质蜕变为了对形式游戏的迷恋。不错，人们在社交活动中需要个性的、可识别的环境，以此寻求家以外的归属感，因而在环境营造中必然要体现与人们身份地位、经济能力与爱好，以及某些社会利益相符的信息，以此形成了等级消费的社会观。像会所、酒吧、咖啡厅及豪华的餐厅雅间之类的空间环境一方面为表现个性张扬带来了机会，另一方面也使环境成为了财富标榜的场所。场所的个性概念进而转变为了一种"场所阶层化"，即对公共可进入性做出差异标识，以此显示其领地区分的"地图"。这种空间的差异标识在普通的场景中也有所表现，我们从

图 5-1-14 中就能够看到在开放的学习空间中，每一个学习
单元均显示了"私有"领地。尽管领地划分没有形成明确的
边界，但这同样能看出领地的差异性，一个属于个人自治的
区域。如果桌子上堆满了文件纸张或还没有完成的工作，不
必担心会被他人清理，因为在这个场所中，每一个人都清楚
各自领地及所监管的责任。即便是某人的工作面比较乱，始
终应该由自己来整理。监管权在你，使用权也在你，那么，
个性是否也得以存留。上述的问题引发了我们对空间营造是
作为整体有序，还是在意领地清晰且实效有用以及如何来对
待个性的再度思考。

图 5-1-14 某教室布局
环境的秩序在于领地的清晰，而非整齐划一。实际、高效是空间计划的原则。

5.1.2.3 私有领地的公共性

空间及环境的私有与公共是一种互为转换的关系，也就是说，环境是在一种变量关系
中运转的，其中人作为一种绝对因素使得环境构成了太多的空间语意。比如，教室或办
公室既有私有领地的意向，也有公共领地的性质，其环境归属于小集体或使用者的同时，
也体现为一种公共的秩序。这种互为转换的机制在我们的日常生活里是经常可见的，就
像你的住所，对外是一个私人领地，他人不可侵犯，而当你的朋友来访或参加聚会，家
的概念就有可能发生改变，成为人际交往的场所。因此，家的空间有时可理解为是公共
领地，起码客厅作为一种开放空间，基本上外人可以进入。对于家人来说，客厅、厨房、
餐厅等空间带有家庭中公共领地的性质，家庭成员可以随意进出，但是，卧室则就不同
了，纯属于私人领地，可进入的程度受到了极大的限制，即使是父母在进入孩子的房间
时也要敲门后方可进入，这是对他人的一种尊重。由此可见，空间中"私有"与"公共"
的概念转换取决于使用者对内容的约定，空间的使用也正是在转换与变化中获得更多的价
值和意义。

那么，在一些集体性的空间中，公共空间私有性的问题
也值得研究。就拿我们熟知的教室来说，班级作为一个整体
概念，承担着对教室的集体监管与维护，然而班集体中的每
一个成员又是个性的主体，必然会有差异性的需求和表现。
这种差异性有时会在一个集体性空间环境中显现和表达，就
像图 5-1-15 中，教室形成了"私有"和"公共"区域的界
定。学习单元被格式化，构成了有差异的个人空间，而此之
外的空间中摆放的桌子作为一个公共区，用来组织课上讨论
等教学活动。空间又进一步被划分为"内"与"外"的关系，
而空间的"公共"与"私有"在人们的摆布中被不断切换、
分配，并表达着人们的意愿。

图 5-1-15 某高校设计教室
设计师应该思考环境的布置在于不确定性，一种"活"的因素，而不是陈规的
摆布环境。

显然，人们对领地主张是如此的鲜明而赋有差异性，对
空间和场地的要求远比设计师想象的复杂。因此，设计不仅仅是对功能合理的划分、领
地监管与维护的考虑，而且还要顾及人的心理感受和切实需求，要满足人们个性的表达
意愿，就像人们喜欢按照自己的意愿穿衣打扮一样，来努力营造属于自己的生活和工作

图 5-1-16 某高校艺术工作室
空间场所中的"乱"反映了一种生活的真实。因为空间不是好看,而是能够使用,我们设计的是一种背景,而空间的内容应该留给使用者来填充。

的领地。图 5-1-16 中,场景中的"乱"可能对其是一种最佳的状态,因为它能真实地表达自我,毫无做作的痕迹,一种个性意识在环境的差别中得到展现。

5.2 非言语交流

人们使用语言表达想法是习以为常的,人与人的沟通在于语言的交流,因此语言成为了我们生活的"家园"。我们通过语言来倾诉情感与思想,同时也能够激起我们创作的灵感和诗性的智慧。诚然,在现实环境中,一种面对面的交流,不仅仅是通过语言的方式,同时还伴随着眼神、动作和面目表情等形式的交流,然而这种"面对面"暗示了空间中存在着人与环境对话的机制。很显然,我们一生都以使用语言作为一种交流的工具,并通过空间进行交流要远比其他方式实在得多,诸如电话、手机短信及电子邮件等,虽然快捷,但它终究替代不了一种"在场"的效果。布莱恩·劳森在他的《空间的语言》一书中就曾表白:"我更愿意能够坐下来与你'面对面'地讨论这个话题而不是写这本书,因为这样我就能看到你的表情并知道你是否听懂了,或是否感到我在冗长地谈论我的观点。"[8] 这种"在场"感其实还包含着非言语表达及非言语的行为,像色彩、陈设、照明和图式符号等都有可能成为空间环境中的非言语交流。

5.2.1 非言语表达

建筑作为一种形式,其外在性在于形体、结构、材料和装饰集一体的综合化的表达。这种具有图像性的建筑表现在人们的认知中,就是以形式为手段的一种非言语的情景。人们对建筑的评价基本上着眼于实体的物性,即形式与生活方式的相适应、人与环境的和谐相处。然而,建筑作为人们的生活形态而构成的一种物质实在,必然会影响其中的人们,正如丘吉尔的名言:"我们造就了房屋,房屋反过来造就了我们自己。"这一过程实际上就是在非言语教化下的人与环境之间的交融、磨合及心境的沟通。

5.2.1.1 环境线索

人们在室内的行为总是需要环境线索作为提示,以此带来行为的快捷和便利。比如,当你进入一个酒店,一定希望尽快办理入住手续,你会通过视线迅速找到总服务台的位置,同时会发现商务中心的快捷服务能为你节省很多时间,甚至觉得大厅中的沙发为等候办理出入住手续的人们或会见朋友提供了舒适的环境,这些都表明了"线索"在环境行为中的引导性,即以视觉传达方式的一种非言语表达(图 5-2-1)。像大型购物中心、车站、机场等场所,

图 5-2-1 某酒店大堂
通过材质与光的构成效果,使总服务台在空间中显耀而突出,并形成了良好的视觉传递。

人们行为及做事的效率都与"线索"的明示和清晰的引导有着直接的关联。人们对环境的判断正是通过视觉的、非言语的方式获得的，无需对方解释什么，便可身临其境的感受并评判环境的好与差。环境"线索"的可读性便成为室内设计中的一个重要问题，而对环境的理解则可视为是有计划的一种形式组织，如室内装修、房间的尺度、设计风格及室内家具布设等所构成的物质实在都提供为"线索"向来访者传递着信息，并据此建立一套行为的规范。进而，人们在环境的线索中领会设计的意图及某些文化的表达，例如，在有些公共场所中使用一些文化的图式、符号及形态创意就容易表达出环境的某些立意（图5-2-2）。人们通常是依靠环境的线索来理解场所的特质的，或者说，"影响人们行为的是社会场合，而提供线索的却是物质环境"。[9]

图5-2-2　某酒店装饰

从此场景的布局中能够读出酒店的地方特色。一种民间艺术的典型代表使酒店场所的风格鲜明而富有浓郁的地域文化的气息。

　　如果把环境设计看做是一种信息编码的过程，那么使用者的使用便是对其进行解码。这里所说的编码包括人们所能感受到的形、量、色、声、质等多种表现的因素，同时还包含了更深层次的含义，如安全、健康、优雅、格调等，这些均是文字、语言之外的一种环境线索，为人们交流思想、情感的沟通提供了非言语交流的方式。正是环境线索的意义使人们清楚自己身在何处，其环境是公共的还是私有的、场所氛围是融洽的还是紧张的以及自己所面对的场景是高级的还是一般的等，都能够通过环境的布置、装饰、图式等非言语的表达来辨明环境的特性与自己身份、情感是否相适应。实际上，一旦这种环境"编码"被解读，你就知道自己在面对一个什么样的环境，其举止行为也随之调整。因此，室内装修不只是表达一种审美追求，而且包含着复杂的社会信息和一系列的符号化语意。如果我们从房屋原本性的角度分析就能够进一步理解环境编码的意义，比如房屋之间的原本性只有规模大小并无多少高低之分，建筑结构也无大的区别，因而传达的信息只是建筑物的本体关系。但是，假如对房屋进行包装和打扮（通过装修与布置的手段），其情景就大不相同，房屋会尽显其各自不同的体貌和风格，所传达的信息必然是丰富多样的。即使同一幢房子也能够通过装修的方式改变其原有的体貌特征，就像同一个人的不同穿戴一样，会给人不同的效果（图5-2-3）。一种情景的身

（a）

（b）

图5-2-3　某图书馆改造前后

检索大厅改造前后的对比，显示了空间情景的不同表达及不同的视觉感受。

（a）改造前；（b）改造后

份就会显露出来，或高雅而有品位，或低俗而显乏味，环境有时就和人一样具有一种身份感。像五星级酒店无论从装修、装饰，还是规模及服务上都要比一般酒店高级得多，其场所的定位是针对那些有经济能力和地位的消费群体。人们对高档豪华场所的直观判断往往就来自于建筑环境中的非言语信息的传达，即"场面与表达恰当意义的线索"。[10]

然而，这种场所的识别性、身份感在现今的室内装修设计中显得有些混乱，一种过度的装修之风使得原本面对生活的普通场所，也尽显其豪华一面。这种设计之风凸显了浮躁的心境和标新立异的所谓创新，环境的线索及编码变得含糊不清，不被人们所理解。环境在此不表达什么，而是一堆装饰的图式或符号的集合，这就是我们所说的经过设计而没有设计。其实，所谓设计应该强调场所的准确定位，表现于恰当、适宜的图式，并且使环境的线索提供有序和指导行为的信息。场所还应该包括社会价值及人们对环境的接受程度，即使用者或顾客群的利益、人们的心境以及可提供的服务标准等，一旦这些信息被纳入到设计中，场所的意义也就产生。人们通常也正是借以环境的线索来判断或解释社会脉络及场合的，并相应行事。人们非常清楚那些靠装修来包装自己的商业场所，其投入的资金必定会转到顾客的消费中，所以人们对此类场所的装修多少会感到一些困惑和质疑（图5-2-4）。

图 5-2-4　某餐厅
环境的线索在于一种服务的诚信及货真价实的经营理念。装修仅作为一种背景信息应体现为场所的特质。然而，装饰及图式符号经常成为商业操作的噱头，并非是什么文化的表达。

5.2.1.2　视觉传达

当人们进入到一个空间时，首先要做的就是寻求定位、方向或目标，并通过环境中的一切信息，如色彩、形状、图示、材质和家具布置等，来判断环境对自己的身心影响，是接受还是不接受。显然，一个场所的特性或氛围有赖于总体性的把握，即空间中的量、形、质的关系组合，并且是一种视觉传达的空间组织。比如，哥特教堂中的那些描绘着圣经故事的彩色玻璃窗和那神秘的光线组织，实际上是传达了一种宗教的语意，人们在此的虔诚心境完全是来自于空间氛围的渲染，人们正是通过场所的氛围而得以一种安定和理解。因此，视觉传达在环境中能够给人以心灵的引导，形成有意向的空间环境。

那么，环境中的视觉传达又表现在哪些方面，它在不同的空间环境中又能起到什么样的作用，诸如此类问题一直是室内设计探究的一个方向，研究的重点是环境中非言语交流及形式的表达。可以认为环境中的视觉传达对于人与环境的互动、人与人的相处以及空间作为场所的有力表达起到了积极的作用。环境中的一切细节和设置都可能成为视觉传达的内容，具有表达设计指向和场所定性的意义。我们对此通过具体的实例分析来作进一步的探讨和研究。

举个例子，当你乘坐火车时面对一节没有多少人的车厢，你一定会找一个靠窗户的座位就坐，这里既安稳又可以调节视线向窗外看，减少了与他人视线接触而保持一种心理空间的独立性。反之，在人多的车厢里，你就不会有这种念头，对座位的要求也会降低，指望有个能坐下的座位就满足了。上述的情景说明了环境的视觉传达来自于场景而非设计手段，无须解释，用视觉就能判断并作出相应的对策，这是一种非言语交流的例证。

然而，设计中的视觉传达可能是空间语言中最为直接的，其主要在于想法与概念以视觉形式的方式并成为非言语的表达。例如图5-2-5中，设计利用鲜红颜色在黑色背景中的对比形成了非常醒目的视觉效果，同时也传达了设计用色彩图形作为视觉形式语言并表现为商业的景象。颜色的立意并非是前面色彩章节所谈及的色彩语意的一种考虑，更多地是出于视觉传达的效果，通过色彩来突出场所的领地特征和商业性的宣扬。

　　然而，室内空间的视觉传达也能够以材料来表达环境的立意，例如图5-2-6中的地毯设置，就表明了环境所具有的安静氛围。地毯能够消除人们走步时所发出的声响，同时也能够提示人们的举止和行为应符合环境的要求，如禁止乱扔杂物和烟蒂以及随地吐痰等。这种以设计来提示环境的要求在很多的公共场所中都能够感受到，只是人们有时不太在意设计的用意，因而在空间中的行为就显得不够和谐。像下面这张照片就说明了人们无视于环境中的提示信号，依然是我行我素，不顾环境对其的约束（图5-2-7）。

图5-2-5　某家具卖场

鲜明的色彩计划使卖场成为了该街区的一个视觉亮点。视觉传达的立意明确且效果突出。

图5-2-6　某酒店客房区

地毯在此起到了良好的视觉传达的作用，暗示了环境的要求及行为的规范。

图5-2-7　某火车站室内

在疏散通道上坐卧是不安全的。令人感到不解的是，墙上的标识对他们不起作用。

　　室内空间中的设计主题和立意往往通过视觉来得以充分的展示，特别是在商业性场所中一些生活素材和场景常用来传达设计的某些构思，如图5-2-8中的场景，表现出了富有情趣的室外景观的效果，传递了一种地方民俗的生活场景。这种类似电影棚里的景致，被移植到了商业性的场所中，表现为一种电影蒙太奇的手法，使室内空间出现了戏剧性的一幕。人们明明是在室内却出现了室外的某个场景，而且与历史的记忆有关，这不能不说是一种场景的趣味性。设计的立意多是从一种普适性的审美及商业的用意而考虑的，并非是表达一种严肃的场所精神。这种具有娱乐性的视觉审美在当下的室内设计中比较流行，成为营业性场所氛围渲染的一种设计手段，诸如使用生活道具、仿古家具、工艺品以及室内配饰等，来表白所谓的文化气息或地方特色，向人们传达着一种断章取义的通俗文化，从而迎合了人们对环境艺术的某些兴趣（图 5-2-9）。

图 5-2-8　某餐厅室内
一种插入式的场景形成了环境的节点，空间序列因此而丰富。

图 5-2-9　某餐厅廊道局部
家具及陈设在此成为了视觉传达的道具，而并非是为了使用。

5.2.2　非言语行为

人的非言语行为主要表现为身体姿态及面部表情，两者可能反映了不同程度的生物性特征及文化因素的影响。例如，成年人的体态行为与儿童的体态行为是完全不同的，老年人则更具有体态行为的鲜明性。同时，受教育程度的不同、职业的不同以及生活经历的不同，其所反映的身体语言也是不同的，起码从日常行为做派上就能看得出一个人的修养、性情和心境如何。拉普卜特把人的非言语行为（以手势为例）分为三种：适应动作、说明动作和象征动作。在这三种动作中，适应动作的意向性最差，最直观，往往是伴随着某些情绪或声音语调的随机性动作；而说明动作是在加强表明的意思，但意义不及象征动作准确；象征动作则要比上述两种动作更接近语言（手语表达），具有确切的言语解释的意味，更多地表现出文化的影响。[11]

5.2.2.1　身体语言

探讨人的身体语言要从脸部表情开始，而人的眼睛能够表达出很多微妙的语意及心态，正所谓眼睛是心灵的窗户。人们可以从你的眼神中读出你想要表达什么或者赞同还是反对什么等，这些都说明了表情的语意有时要比有声语言更直接而快捷。所以，在人们面对面的交往中，运用面目表情来传达情感似乎是平常的，比如当你在讲述什么时，你的面目表情就已经在帮助你表达了，这使对方能够更加理解你所要表达的意思，要远胜过电话里的交谈。其实，在现实环境中，这种非言语交流常以非言语行为方式出现的，诸如各种各样的身体方位和姿态、手势及眼神表情等，这些远远超越了语言的意义，成为语法、词汇之外的另一种语境。

我们通过身体在空间中的姿态来传达着一种意思或状态，这种非言语表达是有力的，至少是微妙复杂的。试想你在面对你的老师或者上司时，一定不会采取跷着二郎腿、体态放松的坐姿与他们交谈，或者更不会让人感到你站没有站相、坐没有坐相。可是，当你与同学或同龄人交往时，你的身体姿态要放松得多，也随意得多，不会那么拘谨，这些都可以清楚地表明你的身体姿态在面对不同的人或场景时所传达的一种语意。同时也能够说明人的身体姿态会受到环境氛围的影响，是与环境及心情同步发展和变化的过程。就像一个人在伤心或惊恐时，身体会向内收缩，而遇到高兴的事情时，身体则会做出舒展的姿态。还有，当我们在上课时所保持的身体姿态与课堂气氛相协调，下课后身体随之又回到了自然的状态，变得松弛自由。人的身体状态就是这样变化着，一定会受到环境氛围的制约。

当然，人的身体语言远不止这些体态特征，其实人的服饰及装束也很重要，同样能够传达出一个人的精神面貌及气质。特别是在一些商务活动或重要的场合中，装束代表着公司的形象和做事的态度，意味着与场合氛围的协调与应和。很显然，人的非言语行为应该体现人的整体状态，虽然人的这种姿态的表达无需发展为舞蹈似的肢体语言的艺术高度，但是，我们所置身于一个环境中，你的一切行为都将导致信息的传达，这其中包括了你的姿态和服装以及自信力等。甚至可以说，没有语言的表达无时不在，在空间中动作并占据着空间。从现代环境行为学来看，人们的行为无不都是发生在各种社会场合之中的，因而考虑环境或场景便是对行为的一种组织。而人的身体语言在一定情景中也反映了环境对其的影响，比如色彩、光线、温度、声响，还有气氛等，这些都具有调适或限制某些动作的作用。由此，环境中的很多图式与文化没有多大联系，倒是图式的"催化"作用使人们的行为及身体语言作出相应的反应。无论是舒适宜人还是窘迫糟糕的环境，对人的感觉器官和情绪一定会有所刺激而被触发，或释放动作或压抑行为，从而身体的状态作出相应的调整。这就是一种认同的机制，一种人与环境的关联。

5.2.2.2 体态行为

我们对空间的占据表明了自身的存在，并通过身体的某些姿态或行为，表达着各不相同的身体语意。在环境中与他人的接触是"伴随"，还是"对峙"，更多地反映在身体的某些行为所作出的暗示。比如，当一位女性在面对一个陌生男子突然坐在了她的旁边时，她会下意识的挪动一下位置，以此与他保持一定的距离，因而身体的动作会表示出一种戒备状态，或带有几分对峙的感觉。不过，一对恋人相依在一起，其身体姿态则完全不同于对待陌生人，表现出的是一种伴随或示爱感。这两种截然不同的体态行为让我们感到人们在共同拥有一个空间时的一种"关系"的确立，通过体态行为来反映人们的心理需求及对环境的态度。因此，人与人的关系是在共享空间中发展的，或者称之为"共存"。

在很多场合中人们的这种"共存"关系起到了相应的积极作用，其中各自在环境中所扮的角色，通过一种体态行为给予了清晰的提示。例如图 5-2-10 是我们最为常见的现实场景，人们在围观下棋时，旁观者与下棋人的空间位置，已经通过各自不同的体态行为告诉了我们，场合中的主从关系也正是通过人们的这种身体占位得以体现。不过，有时人的身体占位缺乏一种礼让，甚至带有强硬的姿态，对于环境中"共存"的理解似乎是不够的，在空间关系中相互尊重和礼貌待人方面也表现得不尽如人意。举个例子，我想大家都有坐火车的经历，当你问起一个并无人坐的空座时，对方可能会说有人，这会使你感到不快，遇到火气大的人，可能就是引起冲突的导火索。这种实例在很多的场合中都能够遇到，像图书馆、候车厅以及公共教室等场所，你会看到有人用书包、衣物等来占取座位，甚至以自己的身体行为来占取（图 5-2-11）。这种在空间中安排自己的方式常忽略了彼此间的关系融洽和他人的利益，更多地反映了人们的一种空间占有欲和过强的片刻领地意识，环境中的不和谐因素很有可能是这种领地之争而引起的。

图 5-2-10 路边下棋场景
身体姿态表示了场合的主从关系，而下蹲的情景确保了领地不受干扰。

图 5-2-11 某车站候车厅
身体行为已表示了个人对领地的占有。

当然，上述的情景在生活中仍然是少数的，但是就环境设计而言，一个座位的布置方式可能与建筑师处理一幢建筑物的布局在本质上没有什么不同，问题是在环境中如何通过设计来调整人们对环境共存相处的关系。特别是对于开放空间，降低人们对领地的独占性是十分必要的，这有助于提高环境的和谐发展。像医院、候车厅、娱乐场以及一些人流比较大的场所，人们彼此之间都不曾相识，人际关系需要通过环境设置来树立一种"共存"意识，调节人们所固有的自我防范的心理，从而减少因个人的体态行为而发生的不愉快。比如，连续坐椅的设置采取曲线布置的方式要比直线式好；在每个坐椅间加上扶手，就可避免人们的随意躺卧。另外，环境中一些非正式的坐人空间，也是非常有效的，特别是在人流密集的场所就应该考虑这种设置，例如基座、台阶和设计一些适合人们就坐的窗台等，给人们更多发现可坐的机会。像图 5-2-12 中的建筑台基成为了老人们常来的地方，在此既安定，又能够观看过往的行人及景色，这是建筑师所没有想到的，但在现实中却很实用。

图 5-2-12 楼下下棋场景
非正式就坐的设置，为人们交往带来了便利，同时也是结合于其他功能的巧妙布局。

5.3 室内空间的意象

"意象"一词在字典中解释为意思与形象，具有意境的意味。在空间环境中，意象则可以理解为是直接感觉与过去经验记忆的共同产物，是由个性、结构和意蕴三部分组成，并且是"通过清晰、协调的形式，满足生动、可懂的外形需要来创造意象"。[12] 很显然，场所中的人不只是占有和使用空间，而且与环境之间建立了一种互动的关系。用美国建筑理论家凯文·林奇的观点，"我们不仅仅是简单的观察者，与其他参与者一起，我们也成为场景的组成部分。"[13] 因此，一个场所的意象是借助了各种各样的素材，诸如形状、材料、色彩及光线变化等被确定了下来，并且以清晰的"可读性"，亦即容易被认知的一个体貌形态的特性，这就好比是一个句子之所以能够理解是因为有清晰的句式结构的组成一样，其完整性得益于可领悟和联想的形式表现。据此而言，场所的意象也正是使用者与所处环境双向作用的结果，因而使用者对于物质的环境，往往是通过视觉领悟并借助于经验和记忆的能力，来获取自己的"可读性"，并对其环境作出判断、选择和推测思考。

5.3.1 场景的空间

我们把空间看作是场景的构成，可能比功能的理解更为深入，因为场景被设置为清晰、稳定和强有力的规则，亦可指导人们行为，还可以设想为人们扮演各种角色的舞台。场景不同于空间，它具有一种文化上的变量。一个场景所包含的内容，不只是人们可见可闻的物质实在，而且还包含着社会构成并决定着人们行为发生的状态。这种社会构成与行为（人们在场景中表现得恰当与否）则是通过规则相连，因而人们的行为及在环境中定位或就位的模式必然受到这些规则的限定。就如同你参加一个聚会，你的行为和就位方式必然会受到场景的引导，场景的氛围也会带动你的情绪和举止。所以，在场景中我们不是简单的参与者，而是与环境共同组成了一种场所氛围，而人气则是氛围中最重要的因素。

5.3.1.1 场景不同于空间

场景是在空间中派生出来的，一个空间可能包含有多个场景，或者说一个空间在一段时间内可能会变换为许多个不同的场景，因而我们可以认为场景具有时间性，是随着时间的变化而场景可能也随之改变。例如，图5-3-1，是同一个教室的不同时间段的两个场景，我们能够从这两幅图片中感受到场景与空间不同的含义。图5-3-1（a）显示了布局整齐而有秩序，但缺少人气；图5-3-1（b）则显得有些拥挤但使用效率很高，这就得出一个概念，场景是一种发生的状态，这里包括惯常的和可预见的。场景在空间中是非常活跃的一种"布置"，而这种"布置"不是简单的物质要素下的摆列。正如拉普卜特认为，场景布置首先要有提示的意义，即导出适当行为与举止的一套指令。[14]从这个意义上看，人们在进入各种场所时所需要的角色转变，像教师在学校里是教师的角色，离开学校，他（她）又是一位市民，或者在超市是消费者、或者到医院看病又是病人等等。这些就说明了我们每一个人在社会生活中都有着或多或少的不同角色的转换，并在各种场所中表现出不同的状态和举止，同时也需要我们不断地调整自己的行为。所以，场景的意义需要明确有力的提示，不能太过模糊。同时，场景的文化图式需要得到人们的理解，这就要求在环境布置上要考虑人们的习俗、行为心理及审美观等，若是与人们所认知的文化图式不合，或者超出了人们理解的范围，那就毫无意义，并不会被人们所接受。因此，设计师在关注

（a）   （b）

图5-3-1 某高校专业教室
（a）场景的氛围在于人的使用，而不只是一种布置；（b）场景的布置鼓励了人们对空间的使用

文化层面的表达时，一定要考虑人们是否愿意服从设计的提示，并且要尊重人们的普遍需求和可适应的能力，否则都将是设计师的自作多情。

场景与空间不同还在于构成的复杂性，即发生于一个"现代化"的进程中。正当社会的变化越大，各类场所的纷纷涌现，促使着场景的复杂性也就越强。空间仅作为一种背景已不能承担更多的职责，这就是说，空间是"无"，场景是"有"。正是场景的有，使得空间或场所得以运行，并赋予其空间的组织系统。场景的中心性也在于运用了规则、行为与文化间的联系以及在时间组织上对文化差异的理解。从这一点上，我们可以通过下面的一个设计实例来进一步认识场景不同于空间的意义。

图5-3-2，是一个写字楼改为商务酒店的项目。在这个项目中，最为复杂的是酒店大堂的空间设计，因为建筑设计给定了大厅的概念，却没有赋予其实质的内容，在空空的柱网空间中欠缺的是具体的功能及环境计划，所以在空间布局方面需要重头做起。然而，建筑的硬件基本到位，可改动的地方是有限的，室内设计实际上需要从场景的概念入手。因此，在平面布局中，空间成为了多个场景的构成关系，而场景的"布置"考虑了空间因素的同时，导出了清晰可辨的情景图式（材质、色彩、尺度、光线及空间造型等）。大堂的功能转向了场景的关联性和领地的空间，其中包含了时间因素在内的空间序列，如进厅、总服务台、商务中心、商店、休息区、堂吧、电梯厅等一系列的行为组织与引导。整体室内体现了场景的"运转"，使人们在规则的限定中获得明确的提示和就位感。

场景二：服务入住
总服务台是人际交流的领地，也是整体空间的焦点。场景的特质在于传达和谐，即对人的适当行为的关注。

场景一：门厅
是室内外空间的一个缓冲区，人们驻足，环顾周围并获取线索作出判断等。

场景四：电梯厅
交通与疏导成为专门的场景，一种聚焦的空间，并且是心理调整的过程。

场景三：堂吧
活动的发生是场景的最大价值，其中环境的布置方式是重要的因素，如水体、植物、配饰等都是情节的编辑，意义在于唤起人们参与的热情。

图5-3-2 酒店大堂
在同一空间中设置不同的场景，并研究场景间的关系及所赋予的意义，以使人们从空间的一般认识上升到场景的理解。

5.3.1.2　场景引导

场景引导行为的途径不只是建筑形成的空间，而是半固定元素，即家具及室内的其他设置（楼梯、平台、隔断、材料等）。这些半固定元素与固定元素的相互组合，成为了人们行为及活动的重要提示。因此，半固定元素与室内设计紧密关联，同时也是对定义和改造空间至关重要，这一过程通常被称作为场景与活动的组织在文化意义上的一种变量关系。例如，图5-3-3是某公司董事长办公室的平面布置，从图中可以看出设计是在原建筑框架中重新组织的室内空间。各房间的划分及室内环境布局成为了变量关系，而这种经过梳理的空间，在半固定元素的组合中能够感受到空间中蕴含着某些文化的意味。室内的布局揭示了一种视觉情景的场景特质，而不是简单的办公空间布置，比如办公区中的场景组织体现了个人的情趣及爱好，空间的性质变为了多重意义的场景设置，在此不仅仅是工作，而且还有会客、居住、休闲之意。从这一点来看，具有针对性的半固定元素是构成场景复杂性的原始素材，而这些半固定元素在营造了一种富有个性的环境氛围的同时，又表现为理想生活的共享图式。

1—接待区；　　10—主办公区；
2—电梯；　　　11—小景；
3—内楼梯；　　12—休闲区；
4—秘书室；　　13—卧室；
5—秘书休息；　14—个人卫生间；
6—会议室；　　15—观赏鱼缸
7—卫生间；
8—简易厨房；
9—餐厅兼会话；

图5-3-3　某公司董事长办公室平面布置
建筑与场景的关系在此得到了调和并建立了一种场所的特质。

下面我们再以学校教室为例，来进一步分析半固定元素在场景构成中的积极效应。在我们的认知经验中教室作为教学用房，具有相对的稳定性，其教学与学习的功能成为清晰的环境线索被人们所理解。但是，这不排除教室可以布置为其他可使用的房间，事实上在我们的学习生涯中，都曾有过把教室当作其他场所来使用的经历。如图5-3-4中，同一间教室设想为不同的环境布局，出现了不同的场景。试想人们在这三个不同的环境中，其举止行为势必受到场景氛围的影响，知道该如何来面对，并随之作出调整。人们正是以自我的认知经验和文化知识水平来识别不同的场景的，就像使用者或来访者对环境的判断多半是依据半固定元素所营造出的氛围。无论是"餐厅"还是"教室"，这些都不过是空间的概念，真正起作用的当属由半固定元素所构成的场景。因为场景顾及了文化的差异性和针对性，使之成为行之有效的行为规则和环境提示。其实，空间本身并没有涉及到文化图式、生活习俗及宗教礼仪等，而倒是场景构成中的半固定元素的组织及属性亦因使用而异作出了有针对性地选择和个性的表现。

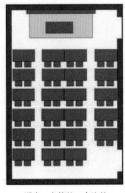
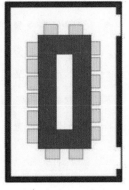
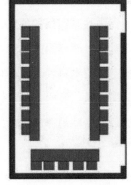
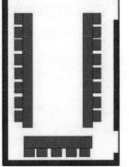

课堂—安静的、专注的　　　　座谈会—活跃的、随意的　　　联欢会—热烈的、兴奋的

图5-3-4　同一教室的不同布局
同一房间的不同布置为我们传递了不同的场景信息。

5.3.1.3 形式唤起场景*

建筑的功能应该体现为形式与行为相关联的一系列场景，其中形式则具有唤起场景的意义，并且引导功能的方向及发展。室内空间的关系是教条化还是适应于可改变的，直接反映了一种能量是否被固化，或者是否能够准确使自身适应于未来的需要。这不仅仅是物态的结构关系，更是"积极"的功能意识并通过一种场景为人们的生活展现最为适宜的环境。针对这个问题，可以从我的一个学生的室内设计作品入手来理解形式是如何唤起场景的。

首先，我们看到的是一个有空间界定但无内容表达的原始住宅平面。在这个平面中，作者先进行了原有空间的分析，即哪些是固定性元素不可改动，哪些是可变动的。这里着重分析了非承重墙移动或改变的可能性及空间中的不利因素，从而为场景营造奠定了一个设计创意的基点（图5-3-5）。

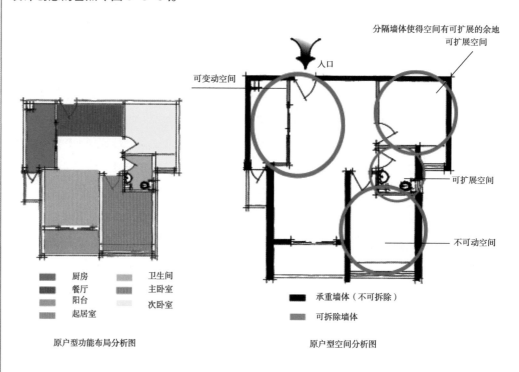

图 5-3-5 原户型分析
空间中的承重墙体界定了空间的总体关系，使主要房间成为"不可动"的空间。原户型的卫生间面积明显过小，对于小户型来说，仍然是不实用的，因此是可改变的因素之一。同时，厨房也是一个可变动的空间，这里应该与餐厅有密切的关联。

图例：
厨房　卫生间
餐厅　主卧室
阳台　次卧室
起居室

原户型功能布局分析图

承重墙体（不可拆除）
可拆除墙体

原户型空间分析图

分隔墙体使得空间有可扩展的余地
可扩展空间
入口
可变动空间
可扩展空间
不可动空间

其次，设计提出了"未完成"的空间概念，旨意在于空间是一个持续发展的过程，应该考虑使用者的参与热情及生活的某些预测，所以场景意在建立一个动态的空间秩序。同时试图把空间改造成为贴近人的生活而赋有个性的"大空间"效果，以此改变原有空间的刻板。因此，30°角的斜线便成为空间构成的起点，丰富且有情趣的场景成为了室内空间的亮点。这种空间情趣为生活带来了不同使用的效果，无论从视觉上还是行为上都能体验到空间复杂多变的特质，从而适应并预测了生活的未来需要（图5-3-6~图5-3-9）。

再次，设计关注了实用的原则，思考了场景的意义是创造一种生活的秩序，即设计考虑了人的实际需求，而不是强加给住户，更重要的是尊重住户的选择及爱好。比如场景的设计应该保持空间的本真性、实用性和多样性，以实用的设计来避开目前家居装修中的油腻、繁琐的装饰之风。因此，在设计中不再是室内装饰的概念，而是转向了室内空间格局的控制及人的日常活动规律的把握。同样，在价值、意象、感知和生活方式方面，使住户获得更多的实惠（图5-3-10）。

---

*图5-3-5~图5-3-10选自学生罗丹毕业设计作品。

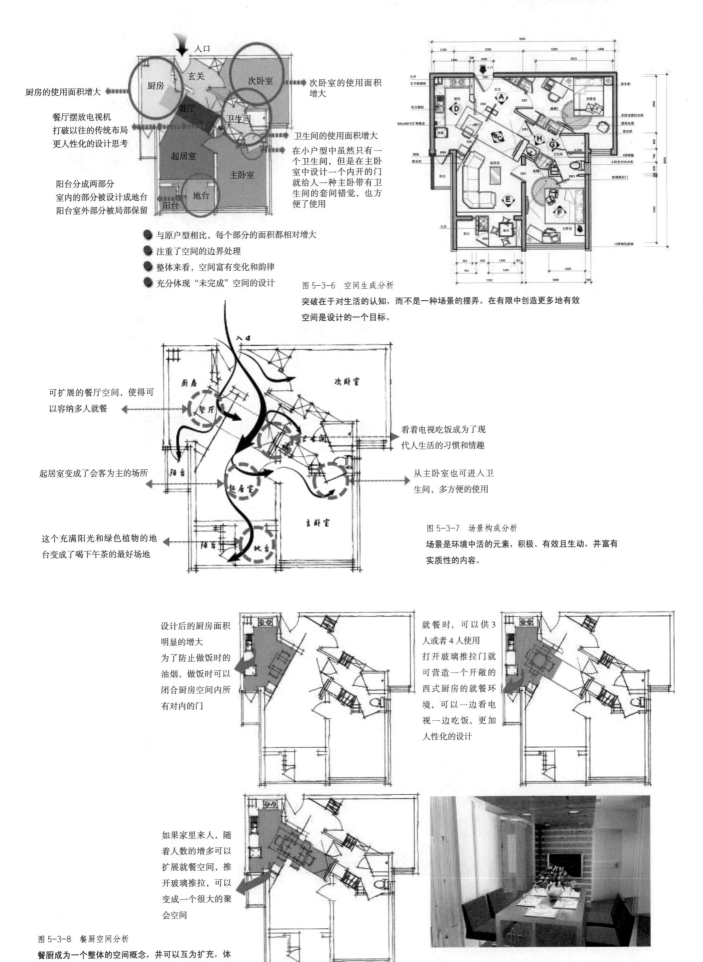

厨房的使用面积增大

餐厅摆放电视机
打破以往的传统布局
更人性化的设计思考

阳台分成两部分
室内的部分被设计成地台
阳台室外部分被局部保留

次卧室的使用面积
增大

卫生间的使用面积增大
在小户型中虽然只有一
个卫生间，但是在主卧
室中设计一个内开的门
就给人一种主卧带有卫
生间的套间错觉，也方
便了使用

● 与原户型相比，每个部分的面积都相对增大
● 注重了空间的边界处理
● 整体来看，空间富有变化和韵律
● 充分体现"未完成"空间的设计

图 5-3-6　空间生成分析
突破在于对生活的认知，而不是一种场景的摆弄。在有限中创造更多地有效
空间是设计的一个目标。

可扩展的餐厅空间，使得可
以容纳多人就餐

起居室变成了会客为主的场所

这个充满阳光和绿色植物的地
台变成了喝下午茶的最好场地

看着电视吃饭成为了现
代人生活的习惯和情趣

从主卧室也可进入卫
生间，多方便的使用

图 5-3-7　场景构成分析
场景是环境中活的元素，积极、有效且生动，并富有
实质性的内容。

设计后的厨房面积
明显的增大
为了防止做饭时的
油烟，做饭时可以
闭合厨房空间内所
有对内的门

就餐时，可以供3
人或者4人使用
打开玻璃推拉门就
可营造一个开敞的
西式厨房的就餐环
境，可以一边看电
视一边吃饭，更加
人性化的设计

如果家里来人，随
着人数的增多可以
扩展就餐空间，推
开玻璃推拉，可以
变成一个很大的聚
会空间

图 5-3-8　餐厨空间分析
餐厨成为一个整体的空间概念，并可以互为扩充，体
现了实用的价值。

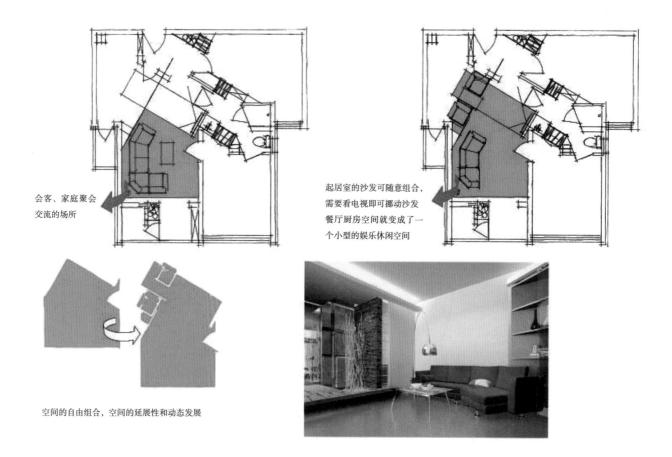

会客、家庭聚会
交流的场所

起居室的沙发可随意组合,
需要看电视即可挪动沙发
餐厅厨房空间就变成了一
个小型的娱乐休闲空间

空间的自由组合,空间的延展性和动态发展

图 5-3-9　客厅空间分析
客厅体现了"大"的概念,可变的空间是一个好的思路,也是空间发展的方向。

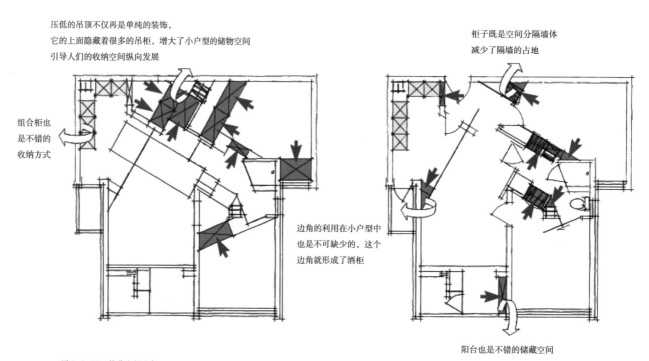

压低的吊顶不仅再是单纯的装饰,
它的上面隐藏着很多的吊柜,增大了小户型的储物空间
引导人们的收纳空间纵向发展

柜子既是空间分隔墙体
减少了隔墙的占地

组合柜也
是不错的
收纳方式

边角的利用在小户型中
也是不可缺少的,这个
边角就形成了酒柜

阳台也是不错的储藏空间

图 5-3-10　储藏空间分析
充分利用空间,变不利为有利,提高空间的可用率,实属是为生活而着想。

5.3.2　室内空间的边界

边界是线性的要素，也是两个领域之间的一种缝合关系，具有连续的、延展的特征，它既可以是明确的隔离屏障，也可以是模糊变换的线性概念，在领域间起着侧面的参照作用。[15]因而边界可以理解为硬性边界、柔性边界和定义性边界，其中硬性边界稳定而不变，如建筑的墙体、院落的围墙等都是界定空间内与外、表与里的边界要素；而柔性边界则起到空间限定的作用，但不是固定不变的空间界面关系，比如环境中的绿篱、绿化带，室内空间中的屏风、帷幔等都是可变的限定性边界；定义性边界不围合但有提示的作用，存在又不形成任何屏障的关系，像道路、城市的河沿、海岸线等这些都可定义为边界的概念。因此，凯文·林奇把边界视为道路之外的一种城市构成的要素，在空间中具有一种横向的参照，而不是坐标轴。[16]那么，在建筑空间中边界的概念仍然有助于领地划分和形成典型的环境特征，因而我们必须认真地研究边界的分隔作用，把凯文·林奇对边界的研究引入室内空间同样具有重要的意义，以此对室内环境的边界问题有一个清晰的认识并作为一种设计要素得以应用。

5.3.2.1　清晰的边界

在建筑空间中边界可以被定义为墙体、隔断、屏障、柱列等，这些都是空间领域界定的一种手段。空间边界的明确限定使领域的轮廓清晰而形成界面的形态关系，例如室内墙体扮演着线性的边界，在空间中不但占有控制的地位，而且在形式上具有连续和不可穿越的界面特征。这种被人们普遍认同的空间界定的方法是一种硬性的边界概念，使空间形成分隔和屏障，构成了空间中的"内"与"外"。尽管有时墙体采用半透明或透明的材料，但是空间的界定性仍然是明确的，领地的特性得到了完好的围护。这种明确的边界是室内设计中最为常用的一种空间组织的手段，空间的实效及价值也正是那些生成的边界体所组成的"间"，并且以此形成了各具不同的界面形体。不过，由于空间边界形成了"墙"的关系，人们的行为必然受到这些硬性屏障的制约，其行径的路线也会顺应线性的边界引导（图5-3-11）。其实，硬性的界面在室内空间中并不是枯燥乏味、一成不变的，而是空间组织的活跃素材，同时还具有视觉图像的意义，即一种二维或者是三维的构成效果，像材质、色彩、造型及光影都是重要的表现要素（图5-3-12）。

直线穿越
平行围合墙体，空间封闭性强，具有内向的空间特质

迂回环绕
U形墙体，空间限定性强呈连续的墙体关系，具有静态感

斜线通过
对角式墙体，促成角隅空间且使用率高，富有动感

十字交叉
四角墙体的围合，形成穿越式空间，中心聚焦明显

墙体构成与行动线路的关系

图5-3-11　行径路线与边界的关系
建筑的空间在于边界与空的组织，并形成有限定的行动路线和引导。

柔性的边界可能在空间中具有更大的适应性，比起硬性的墙体来更是灵活多变的一种空间组织机制。柔性边界既对空间起到了划分的作用，又为人们使用空间和功能灵活性创造了机会，其形式和风格多以材料与造型的有机结合，表现出了现代装置艺术的某些特征

和意味（图 5-3-13）。其实对于柔性边界的形态组织我们在第 3 章中已有表述。现在的问题是我们应该如何对待室内空间中的边界问题，仅仅视其为是一种空间构成的元素，还是应该理解为与人的行为、生活和审美有关的空间意象，这是值得我们去深究的。

图 5-3-12 某办公公共空间

边界的线性特征明确，在被引导中感受边界所带来一种视觉美的效果。

图 5-3-13 某餐厅

灵活多变的柔性边界在于对材料的理解和表现，而且是提升和渲染环境艺术氛围的好方法。

　　如果我们以凯文·林奇的观点来认识一个建筑的空间，那么，室内的布局就可以理解为如同城市的划分一样，空间领域的物质特性在于连续性的界面，它既可能包括各种各样的形式组织，又具有一种可"进入"感。空间的边界在此形成了某些共同的能够被识别的特征，尤其是那些界定明确、特色鲜明的空间区域，正是得益于明确的边界和清晰的结构关系，同时边界起到了增强其特性的作用。如图 5-3-14 的酒店大堂平面，空间区域的划分来自于边界的定义，即区域的多种边界的建立，并视其为是一种"城市"的关系，一种

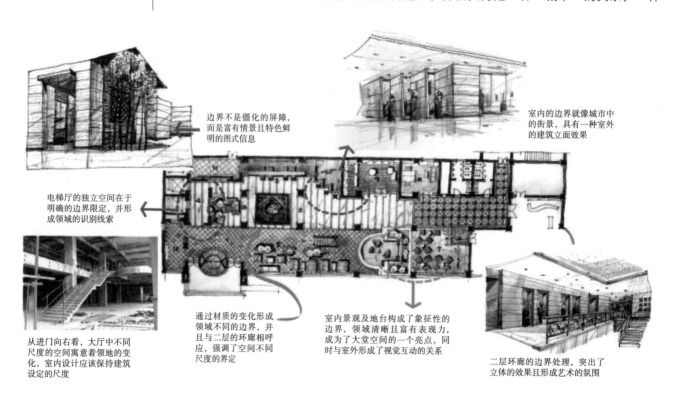

边界不是僵化的屏障，而是富有情景且特色鲜明的图式信息

室内的边界就像城市中的街景，具有一种室外的建筑立面效果

电梯厅的独立空间在于明确的边界限定，并形成领域的识别线索

从进门向右看，大厅中不同尺度的空间寓意着领地的变化，室内设计应该保持建筑设定的尺度

通过材质的变化形成领域不同的边界，并且与二层的环廊相呼应，强调了空间不同尺度的界定

室内景观及地台构成了象征性的边界，领域清晰且富有表现力，成为了大堂空间的一个亮点，同时与室外形成了视觉互动的关系

二层环廊的边界处理，突出了立体的效果且形成艺术的氛围

图 5-3-14 大堂平面

室内空间的变化有时是含蓄的，其中不同的边界处理能够创造不同的空间效果和视觉感受。

内与外、边界与中心、限定与非限定的因素在室内空间中得以演示。这里既有明确具体的界面，也有柔性和象征的边界，空间场景实质上被表现为了一系列类比的情形。在此，电梯厅，原本与大堂混为一体，并无区域之分，现在则通过边界的定义赋予其相对独立的领域，一种园林般的情形插入到了大堂空间之中，构成了富有感染力的视景空间。另外，堂吧的界定则是以象征的手法，用抬高地台来表达边界的概念，以此增强其领地的限定和环境的特色表现。楼梯、水体及临街的玻璃幕构成了堂吧的边界关系，其轮廓清晰且生动自然，空间中的看与被看便成为了一种视觉的互动，因而环境的内与外形成了连续性的视觉线索。

5.3.2.2 模糊的边界

在室内空间中，边界的概念很容易被人们忽视，特别那些定义性的边界概念通常成为空间中的盲区，比如空间之间的缝合处，即一个空当或通道之类的空间。我们还是以一个住宅室内设计为例，能够清楚地了解边界还具有的模糊性质，如图5-3-15住宅平面中的

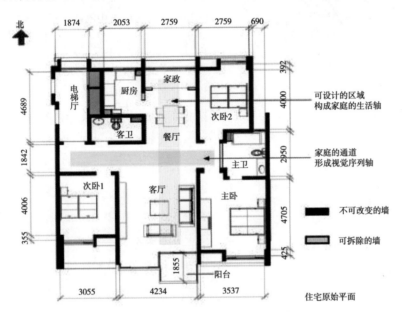

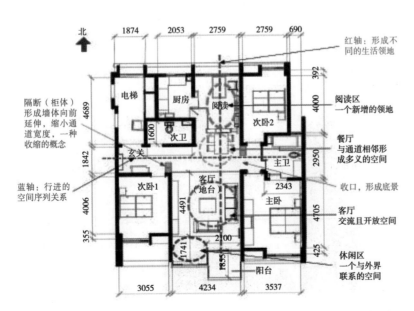

图5-3-15 住宅平面
过道将空间分为了南北两个领域。

将家政空间改为阅读区是主人的需求，而家政生活设置在电梯厅是可行的。

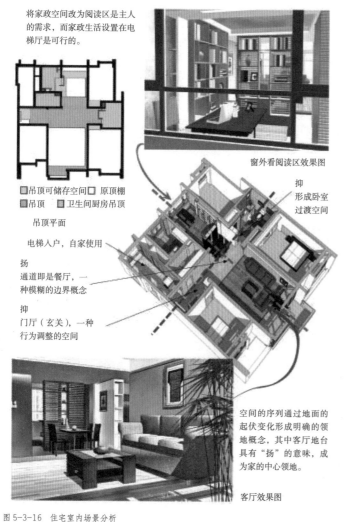

窗外看阅读区效果图

■吊顶可储存空间 □原顶棚
■吊顶 ■卫生间厨房吊顶

吊顶平面

电梯入户，自家使用

扬

通道即是餐厅，一种模糊的边界概念

抑

门厅（玄关），一种行为调整的空间

抑

形成卧室过渡空间

空间的序列通过地面的起伏变化形成明确的领地概念，其中客厅台具有"扬"的意味，成为家的中心领地。

客厅效果图

图 5-3-16 住宅室内场景分析
按场景的方法布置环境，划分为了不同的空间领地。其中就餐区与通道的边界模糊，成为空间中的活跃元素。

一条通向房间的过道从餐厅与客厅之间穿过，形成了一种定义性的边界概念，即过道作为餐厅与客厅的边界。这种边界在家居空间中并非是僵化和生硬的空间状态，而是有着积极、灵活的形态变化，甚至可以是模糊的边界关系。我们试想餐厅与客厅之间这条约 $7m^2$ 左右的过道，如果定义为是多义的边界，那么就可能发挥其最大的使用效率。事实上就此住宅平面来看，其中部的区域正是空间领域界定的焦点，设计应该在南北轴向上发展不同的空间领域，并且界定为不同的边界性质。例如，阅读区是经过改造的新增空间，将餐厅南移并由一组书架作为二者之间的屏障式边界，餐厅与阅读区关系明确，拥有各自相对独立的领域，而餐厅与中部的过道相连，空间关系模糊，形成了一种开放、活跃的空间状态。过道既是家庭中的穿行空间，也可能作为餐厅的一部分，当多人聚餐时，就餐空间可以扩充到过道中，二者的空间边界因此变得模棱两可且又相融而随意。这种由于空间边界的模糊而产生的多义空间的意象，更多地是基于对人的生活行为、家具布置以及空间得到充分利用的一种研究（图 5-3-16）。

在室内空间中探索模糊边界的问题似乎是困难的，但这并不意味着空间中不存在模糊的边界。相反，边界在环境的划分和区域的界定中，为我们提示了太多的空间意象，比如城市街道上的斑马线、黄线以及人行道的边线等都是定义性的边界，在交通规则中有着具体的含义。也许我们在建筑空间设计中，总是忽略不同的边界会给人不同的感受，它可能是心理的、情感的或者是行为的，在环境中具有导向的意义。日本建筑师妹岛和世就着迷于室内空间边界的研究，试图在空间中考虑多种边界的可能，也正如妹岛所言："空间的界面上是没有物质运动的，但你仍能在其使用上获得复杂性。"[17]因此，在她的李子林住宅作品中，我们感到房间与通道的关系模糊，看到的只是房间的组合，过往的通道则含在其中（图 5-3-17）。同时，空间中的界面被那些窗洞系统彻底改变，形成了暧昧的边界，比如那些界面上的窗洞有时成为了停留、谈话的地方（图 5-3-18）。空间的

图 5-3-17 住宅一层平面
空间的通道含在了房间中，从而边界的概念变得模糊了。

图 5-3-18 小孩卧室内景
墙上的洞口成为了交流的地方，边界因此活跃而多义。

边界在此是一种多义的概念，尽管它具有连续的、可见的线性关系，但是它既可以清晰也可以模糊，在不同的环境中变换扮演着不同的空间角色。

5.3.3 室内的界面

我们谈及界面必定与建筑的墙、顶、地（楼、地面）有关，在建筑的静态构图中墙顶地的意义非常之大，它体现了建筑的构成和形成空间的关系。现代建筑的墙体概念完全不同于传统建筑，其建筑的围合关系除顶与地相对稳定外，墙体已逐步被玻璃、金属板以及一些新型的轻质材料所替代。建筑的墙体实际上早已跳出了结构支撑与承重的范围，成为了一种富有创造性的立面和表皮的表现。就此问题，我们可以从北京奥运场馆建筑，像鸟巢（国家体育场）、水立方（游泳馆）等，以及国家大剧院建筑中能够充分认识到建筑界面的表皮性质。其实，现代建筑已经从厚重向轻薄方面发展，这其中建筑立面成为挖掘创意构思的重要因素，而建筑界面的表皮化是现代建筑的一个重要特征之一。当然，"表皮"并不只是建筑的立面，它包括了建筑的界面组成，即建筑的内与外层面的构成关系。因此，我们研究空间的界面不仅仅是认识"表皮"的特性，而且需要深入地探讨室内设计中界面处理的方法及所产生的空间意义。

5.3.3.1 时效的界面

室内设计不像建筑设计具有原创性，它其实是在很大的限制中寻求一种表现的自由。室内设计又是在一个没有性格的空间中塑造个性和品质，其设计也正是通过空间界面的组织及材料的准确使用，表达了一种清晰的、可读的并富有情感的空间场景。这种以视觉感悟的形态组织的最大优势是"二维"的面，即空间中的界面处理，其中包括空间的所有细节，如形状、比例、材料、色彩、质地、光线的变化等，它不只是物质的而更富有精神的意义。

当然，室内设计对建筑平面及空间布局仅是调整性的，建筑作为一种常态的机制，则具有可循环使用的可能，它所包含的内容是不断变换和更新的，因此室内设计就拥有了对空间重新梳理和组织的机会。尽管这种带有时效性的空间设计，实际上是将空间的各个部分构成为一个整体有序且生动的物质环境的过程。这种整体性的环境设计是对空间与界面的"有"与"无"关系的有机整合，其形式造型的背后必然体现着某种积极的因素，即一种时效性的空间界面。例如，从图5-3-19中可以看到整体设计表现了空间布局的个性，而不是一种装饰手法。环境布置的要义在于对SOHO办公空间特性的把握，环境多维运行的策略更是对场所的深入理解与控制。在有限的空间中创造实用和多变的空间是设计的一个出发点，空间中的界面便成为了重要的构成要素。正是由于设计者将空间界面视为一种活跃元件，并作为灵活多变的空间组织的一种手段，使得一个有限的空间派生出九种可变的空间，以最大限度地体现空间的适用性和多样性（图5-3-20）。这种出于对空间行为的预测机制得益于界面体的巧妙运用，通过推拉、折叠和组合的方式使空间界面可根据使用者的需要与意愿进行自由地组合与安排空间场景。这种场景的多样性实质上反映了室内空间界面所具有的时效特征，诸如那些可推拉活动的玻璃隔断，既界定了空间划分，又保持了空间连续的视觉效果。在小型办公或工作场所中，可移动的界面处理的方法是积极有效的，也是一种可持续的设计思路，比如当不需要时很容易更换，还可调整为其他的使用空间（图5-3-21）。

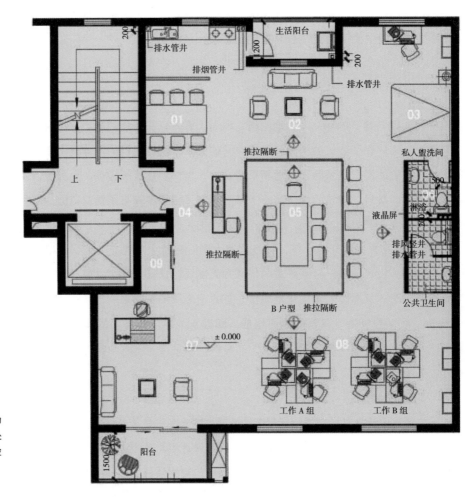

图 5-3-19 平面布置
平面布局体现了 SOHO 办公环境的
特色，设计着力于空间界面的处
理方式，以此形成更多的可变空
间的使用效果。
（选自邓燕毕业设计作品）

空间模式的衍生

A 列　　　　　B 列　　　　　C 列

开放空间与私密
空间的各自独立

1 段
一组人群对
空间的作用

A1
发生在任何时间下的通透场景中

B1
发生在经理与职员两组人群各自
独立的场景中

C1
发生在接待会客、私人起居、职
员办公各行其职能的场景中

2 段

A2
发生在接待会客与休息分立的场景中

B2
发生在经理与职员交流共享的场景中

C2
发生在重要商务活动的场景中

3 段

A3
发生在多样的个性化生活需求
同时满足的私人场景中

B3
发生在职员分组办公的场景中

流动空间的产生

三组人群、N
个个体对空间
的作用

C3
发生在多个个体的无确
定性活动的场景中

图 5-3-20　九种变换的平面布置
预测将要发生什么，空间将会被
如何使用，为人们带来什么样的
环境，这些都是设计研究的重点。
（选自邓燕毕业设计作品）

图 5-3-21 室内效果图
空间界面被理解为是服务要素，而不是装饰要素。
（选自邓燕毕业设计作品）

5.3.3.2 实用的界面

今天的建筑室内，越来越多的空间分隔来自于灵活的界面体的组合，像轻质墙板、玻璃隔断、织物帷幔、金属板材等都有可能成为划分房间的素材，其最大的优点是因需而设、灵活多变，并非成为建筑的固定构件。这种优势明显且经济实用的空间划分的方式在现实中发挥着积极的作用，但也存在着一些设计问题，比如墙体、吊顶等仅作为物性的形式简单的付诸实施。或者，形式的构成是一种装饰的意味、技巧性的表现，而并没有研究界面可能产生的实用价值。因而界面的多价性与可适性是室内设计值得关注的，这里在于将功能与界面之间的巧妙结合，并成为空间利用的介质。其实，在中国传统建筑中，界面的处理就一直是建筑中的重要因素，像门窗、隔断的设置就颇具风格多样的特点。在江南民居中有一种可卸装的屏门，白天把门板卸下成为店铺或对外开放的空间，到了晚间装上门扇又成为具有防护作用的界面（图 5-3-22）。这种界面关系体现了一种生活方式和生活的适用性，更具意义的是灵活性带来了生活的便利和空间界定的多样性，因此界面的功能性在于和生活紧密结合并反映生活的实际需要。

图 5-3-22 江南民居
左图中前铺后室在传统民居建筑中较为普遍，其中临街的建筑界面成为重要的活跃构件，承载着人们的一种生活方式和态度。
右图中极具封闭性的界面又反映了人们对生活领地的呵护，内与外的界定则是通过界面设置来表达的。

如果在室内设计中把界面处理纳入实用设计的范畴，比如界面设计与储藏功能结合就可能创造实用的价值。特别是在居住空间中，储存空间是必不可少的，也是重要的设计内容，诸如生活杂物的存放、过季不用东西的收纳以及生活家什的增添等一些生活的琐碎都应该成为设计的思考。对于生活中物品的存放是否拥有各自的位置，是否给予了预测或预留等也都应该有整体的部署。设计不是一种好看而不实用的炫耀，更多地是一种生活的设想，这对于人们生活来说就具有普遍的意义，他们应该享受到由设计创造的一种生活秩序。例如，图 5-3-23 中的界面体，既体现照明的效果又创造了储存空间，具有二者兼备之功效。这种看似平常和琐碎的设计，却体现了以服从人们生活方式及群体价值取向为原则的设计观。诸如此类的实用性界面设计还有很多，比如借助吊顶上部的空间可作为储存空间，像壁龛式隔断、固定书架或格架等都有可能成为一种实用的界面体（图 5-3-24）。因而，室内设计要从生活出发，关心那些细枝末节的细部比起浮夸而铺张的装饰要更有意义，因为它是以解决实际问题为目标，以人们生活带来诸多便利和实用为准则的一种设计，正所谓人性化的设计更多地体现为对生活的关注和热爱，而不是以设计者的好恶来摆布环境。

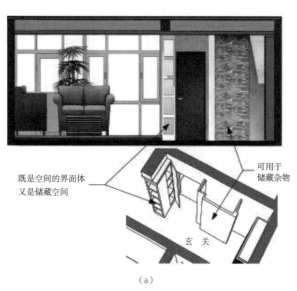

既是空间的界面体
又是储藏空间

可用于
储藏杂物

玄 关

（a）

（b）

图 5-3-23 住宅室内

（a）客厅与玄关立面：墙体被赋予了实用性质，储藏与照明相结合，形成富有个性的界面效果；（b）室内实景：从餐厅处看墙体界面效果

（平面见图 5-3-15）

图 5-3-24 实用的界面设计

左图中下方是暖气，结合功能而做的造型。

右图为固定式书架并可作为隔断，经济而实用，使空间的有效使用率大为提高。

5.3.3.3 视觉的界面

室内空间界面的审美表现远比建筑外观难得多，因为室内是人们生活、使用的环境，而建筑外观只是一种体形面貌，并不在人们使用过程中产生真正的心理、生理的影响。室内不同于建筑外观，人们对室内环境的感受基本上来自于身体体验和近距离的视觉感官的刺激，比如材质的表现、光线的变化、构图及尺度的处理等都能够使人在视觉、心理上产生不同的反响。人们对室内空间的视觉感受，一般多来自于二维界面的视觉连续的过程，这要比建筑外观复杂得多，问题是形式与不同审美取向之间的较量。由此可见，室内界面在空间中不只是一种物质手段，还包含着视觉审美的要求，如图5-3-25中的空间效果就说明了界面在空间中所起着视觉审美的作用。

然而，对于室内界面的处理在于空间比例及尺度方面的控制，比如吊顶是调整或改变空间尺度及房间比例的重要契机。其实，吊顶作为室内空间一种常见的装修手段，其意义是对顶棚内的管线、设施的一种掩饰，并以此改变和调整室内空间的高度及顶棚造型的关系，从而形成良好的视觉氛围。吊顶与地面一样，可控制室内环境的氛围，其主要是通过造型的方式及照明组织来强化空间的视觉效果。无论是造型还是材料变化，吊顶应该说是一种表皮化的装饰构造。这种构造体现了时效的界面关系，注重空间尺度的修正与表现，同时还承担着照明、防火、空调、消防等专业的布设及安装（图5-3-26）。因此，吊顶是形成空间体量关系的重要因素，也是构造、造型和美观为一体的界面实体。

图5-3-25 某会议室
用木板片构成的空间立体，具有强烈的视觉感官的刺激，配置灯光使环境效果更为突出。

图5-3-26 某银行大厅
金属板吊顶在于拼块和构图处理，同时要协调一些灯光、设备安装等问题。

室内界面的造型与美观还体现在构图及构造设计方面，比如以材质的规格进行的体块划分与组合，包括布局、分格、图案及造型等，这些都将形成视觉尺度的标准（图5-3-27）。然而，界面的视觉性又是在形式构成法则的框架内的具有尺度意义的表达，诸如韵律、节奏、比例、均衡以及对比等都是操作的法度。在设计中应该体现现代的工艺美和材质的优选精用，并非强调高档材料，恰恰相反，"精心构思而巧于施材"是形式美的根本。在界面构图中既要考虑材料损耗率的问题，同时还要注意各种专业设施、设备洞口与图案、造型而形成的矛盾，例如墙体上的消防栓、顶棚上的检修口、空调风口以及墙体上的电洞、设备箱和检修门等等，这些都可能成为界面设计中的问题。因此，如何协调和解决形式构图与物态之间的关系是界面设计中的难点问题，实属不易。而视觉美观的界面则是协调了各个方面问题之后的一种巧妙表现，并不是随心所欲的、毫无依据的虚掩装饰。

图 5-3-27　室内界面的设计

左图中墙体的划分似乎与吊顶形成了一定的比例关系，强调了视觉尺度的协调和整体性的把握。右图中一种图案般的构图使界面关系均匀而整齐，并形成鲜明的视觉秩序美。

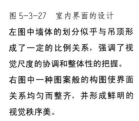

　　总之，室内设计是从建筑与空间的架构出发，这不只是物质的，还包括人文的、科技的和一种社会责任意识。也就是说，设计不是靠假定或臆造的，而是应该加入理性的思考和踏实的生活经验的感悟。空间中的"空隙"应该留给使用者来填充，而不是过分的表现。无论是空间计划还是界面形式不能一味追求文化图解的符号表现，应该转向对环境行为学、人居环境学、城市社会学、设计艺术学以及其他相关领域的研究。设计的意义不是自以为是的个人表演，而是包括使用者在内的一种集体的力量，其最终的目标是创造完善的、适用的、更具有支持力的环境。

本章参考文献

[1] 赫曼·赫兹伯格著.建筑学教程2：空间与建筑师［M］.刘大馨、古红缨译.天津：天津大学出版社，2003：135.

[2]、[3]、[4]、[5]、[6] 赫曼·赫兹伯格著.建筑学教程：设计原理［M］.仲德崑译.天津：天津大学出版社，2003：19、13、47、12.

[7] ［美］阿摩斯·拉普卜特著.宅形文化［M］.常青，徐菁，李颖春，张昕译.北京：中国建筑工业出版社，2007：45-46.

[8] ［英］布莱恩·劳森著.空间的语言［M］.杨青娟等译.北京：中国建筑工业出版社，2003：3.

[9]～[11] ［美］阿摩斯·拉普卜特著.建成环境的意义［M］.黄兰谷等译.北京：中国建筑工业出版社，1992：47、63、93.

[12]、[13]、[15]、[16] ［美］凯文·林奇.城市意象［M］.方益萍，何晓军译.北京：华夏出版社，2001：6-7、1、47、35.

[14] ［美］阿摩斯·拉普卜特著.文化特性与建筑设计［M］.常青等译.北京：中国建筑工业出版社，2004：25.

[17] 大师系列丛书编辑部编著.妹岛和世＋西泽立卫的作品与思想［M］.北京：中国电力出版社，2005：18.

本章图片来源

图5-1-3左图：ABBS论坛。

图5-1-12：Lisa Skolnik编著.少就是多.徐健译.天津：天津科技翻译出版公司，2002。

图5-3-13：WORLD ETHNIC RESTAURANTS, Publisher：Sueyoshi Murakami。

图5-3-17、图5-3-18：大师系列丛书编辑部编著.妹岛和世＋西泽立卫的作品与思想.北京：中国电力出版社，2005。

除注明外，其余图片均为笔者提供。

参考书目

［1］ ［英］布莱恩·劳森著.空间的语言.杨青娟等译.北京：中国建筑工业出版社，2003.

［2］ ［英］彼得·柯林斯著.现代建筑设计思想的演变.英若聪译.北京：中国建筑工业出版社，2003.

［3］ ［希］安东尼·C·安东尼亚德斯著.建筑诗学.周玉鹏等译.北京：中国建筑工业出版社，2006.

［4］ ［意］布鲁诺·赛维著.建筑空间论.张似赞译.北京：中国建筑工业出版社，1985.

［5］ 李允鉌著.华夏意匠.天津：天津大学出版社，2005.

［6］ 萧默主编.中国建筑艺术史（上、下册）.北京：文物出版社，1999.

［7］ 程建军，孔尚朴著.风水与建筑.江西：江西科学技术出版社，1992.

［8］ ［法］罗兰·马丁著.希腊建筑.张似赞，张军英译.北京：中国建筑工业出版社，1999.

［9］ ［英］约翰·B·沃德–珀金斯著.罗马建筑.吴葱等译.北京：中国建筑工业出版社，1999.

［10］ ［法］路易斯·格罗德茨基著.哥特建筑.吕舟，洪勤译.北京：中国建筑工业出版社，2000.

［11］ ［英］彼得·墨里著.文艺复兴建筑.王贵祥译.北京：中国建筑工业出版社，1999.

［12］ ［挪］克里斯蒂安·诺伯格–舒尔茨著.巴洛克建筑.刘念雄译.北京：中国建筑工业出版社，2000.

［13］ ［英］帕瑞克·纽金斯著.世界建筑艺术史.顾孟潮，张百平译.安徽：安徽科学技术出版社，1990.

［14］ ［法］勒·柯布西耶著.走向新建筑.陈志华译.陕西：陕西师范大学出版社，2004.

［15］ ［美］刘易斯·芒福德著.城市发展史.宋俊岭，倪文彦译.北京：中国建筑工业出版社，2005.

［16］ ［意］曼弗雷多·塔夫里，弗朗切斯科著.现代建筑.刘先觉译.北京：中国建筑工业出版社，2000.

［17］ ［意］布鲁诺·赛维著.现代建筑语言.席云平，王虹译.北京：中国建筑工业出版社，1986.

［18］ ［英］尼古拉斯·佩夫斯纳，J·M·理查兹，丹尼斯·夏普编著.反理性主义者与理性主义者.邓敬等译.北京：中国建筑工业出版社，2003.

［19］ ［美］阿摩斯·拉普卜特著.建成环境的意义.黄兰谷等译.北京：中国建筑工业出版社，1992.

［20］ ［荷］赫曼·赫茨伯格著.建筑教程：设计原理.仲德崑译.天津：天津大学出版社，2003.

［21］ ［美］阿摩斯·拉普卜特著.文化特性与建筑设计.常青等译.北京：中国建筑工业出版社，2004.

［22］ 陈伯冲著.建筑形式论.北京：中国建筑工业出版社，1996.

［23］ ［英］E·H·贡布里希著.秩序感.杨思梁，徐一维译.浙江：浙江摄影出版社，1987.

［24］ ［日］相马一郎，佐古顺彦著.环境心理学.周畅，李曼曼译.北京：中国建筑工业出版社，1986.

［25］ 龚锦编译.曾坚校.人体尺度与室内空间.天津：天津科技出版社，1987.

［26］ 杨公侠著.建筑·人体·效能——建筑工效学.天津：天津科技出版社，2001.

［27］ 王华生，赵慧如，王江南编.装饰材料与工程质量验评手册.北京：中国建筑工业出版社，1994.

［28］ ［美］鲁·阿恩海姆著.艺术心理学新论.郭小平，翟灿译.北京：商务印书馆，1999.

［29］ ［美］玛丽·古佐夫斯基著.可持续建筑的自然光运用.汪芳，李天骄，谢亮蓉译.北京：中国建筑工业出版社，2004.

［30］ ［英］Randall McMullan著.建筑环境学.张振南，李溯译.北京：机械工业出版社，2003.

［31］ ［美］凯文·林奇著.城市意象.方益萍，何晓军译.北京：华夏出版社，2001.

［32］ 大师系列丛书编辑部编著.妹岛和世＋西泽立卫的作品与思想.北京：中国电力出版社，2005.